contents

攝影協力
AWABEES　tel.03-5786-1600
UTUWA　　tel.03-6447-0070

日方 Staff
編輯／浜口健太、井上眞実、久富素子
協力編輯／米谷早織
鉤織法校對／北原さやか、高橋沙絵
寫真攝影／久保田あかね
Process 攝影／島田佳奈
書籍設計／牧陽子

角落小夥伴是……？

它們是一群喜歡角落、有點消極、卻擁有獨特個性的夥伴們。
大家是不是經常在電車上會選擇靠角落的座位，
或者在咖啡廳時，也會盡可能窩在角落的位置呢？
本書登場的「角落小夥伴」們，也跟我們一樣，
總是不知不覺地聚集在房間的角落或躲在狹窄的空間裡。

角落小夥伴當中有非常多十分有趣的角色，
例如怕冷的「白熊」、沒有自信的「企鵝？」、
被吃剩的「炸豬排」與害羞的「貓」等。

本書將「角落小夥伴」與它們的好朋友「角落小小夥伴」
以可愛的毛線娃娃姿態登場！
大家可以照著本書展示的方法，鉤織出自己喜歡的角色，
也可以把它們組合成花圈、掛飾等裝飾品，
還可以做成日常會用到的生活雜貨或小道具等。

讓我們一起和角落小夥伴的毛線娃娃們一起開心過生活吧！

就是喜歡角落！
總是不自覺地躲進狹窄的縫隙
或不顯眼的暗處。
在角落裡安安靜靜地生活，
這就是「角落小夥伴」。

只要發現狹窄的小空間，
大家就會不約而同的往裡面鑽。
果然，
這才是最讓人感到安心的地方。

角落小夥伴 X 開心玩裝飾

角落小夥伴中有哪些成員與好朋友呢？
請一邊留意它們各自的特徵，一邊鉤織成無時無刻都適用的可愛裝飾品吧！

白熊與
裹布的花圈

怕冷的「白熊」與「裹布」
感情很好地依偎在一起，
變成一款漂亮的花圈圖案。
再加上 2 支色鉛筆作點綴。

製作方法 **P.54**

使用線材　Hamanaka Wanpaku denis
Hamanaka Piccolo

4

白熊  shirokuma

再也受不了
北方了……

拖拉 拖拉…

從北方逃跑而來,怕冷又怕生的熊。
在角落喝杯熱茶的時光最讓它放鬆

BACK **SIDE**

白熊本體的製作方法請參閱 **P.32、P.33**

裏布 furoshiki

靜— 拿去佔角落
的位置……

白熊的行李包袱。常被拿來佔角落的位置或
在寒冷時被用來包裹身體禦寒?

BACK **SIDE**

裏布本體的製作方法請參閱 **P.37**

2

3

以前好像長
這個樣子……→

企鵝？與
飛塵的掛飾

「企鵝？」正在享受閱讀的樂趣，
一旁還有它最愛的小黃瓜。
將它現在的樣子（作品 2）與過去記憶中
的樣子（作品 3）一起做出來，
就可以放在一起比較看看，
有哪些地方不一樣呢？

製作方法 **P.51**

使用線材　Hamanaka Wanpaku denis
　　　　　Hamanaka Piccolo

企鵝？ penguin?

以前好像長
這個樣子……→

我是企鵝？對此，它自己也不太有把握。
以前頭上好像有個盤子……

BACK

SIDE

企鵝？本體的製作方法請參閱　**P.32 ～ P.34**
詳細的圖解內容請參閱　**P.43 ～ P.50**

飛塵 hokori

那邊有好多。

耶—

經常聚集在角落，無憂無慮的一群。

BACK

SIDE

飛塵本體的製作方法請參閱　**P.37、P.38**

炸豬排與
炸蝦尾的擺飾

將被吃剩的「炸豬排」與「炸蝦尾」，
放在盛裝生菜的盤子上，
組合一下就是可愛的擺飾。

4

製作方法 **P.56**

使用線材 Hamanaka Wanpaku denis
Hamanaka Piccolo

炸豬排 tonkatsu

炸豬排的邊邊。
瘦肉 1%，脂肪 99%。
因為太油，而被剩在盤子裡……

粉紅色的部分是
1%的瘦肉啊……

BACK

SIDE

炸豬排本體的製作方法請參閱 **P.32 ～ P.34**

炸蝦尾 ebifurai no shippo

想起以前身體
很長的時候……

因為太硬，而被剩在盤子裡……
與炸豬排是心靈相通的好朋友。

BACK

SIDE

炸蝦尾本體的製作方法請參閱 **P.37 ～ P.39**

5

貓與雜草的擺飾

「貓」與「雜草」正在草皮上
享受著溫暖的日光浴。
非常適合擺在有陽光的窗邊。

製作方法 **P.58**

使用線材　Hamanaka Wanpaku denis
Hamanaka Piccolo
Hamanaka Tino

貓  neko

喀吱喀吱

容易害羞的貓。
經常躲在角落，背對著大家抓牆壁……

BACK SIDE

貓本體的製作方法請參閱 **P.32、P.33、P.35**

雜草 zassou

內心懷抱著夢想，希望有一天能被製作成嚮往的花束！
積極樂觀的小草。

BACK SIDE

雜草本體的製作方法請參閱 **P.37、P.39**

蜥蜴與
偽蝸牛的掛飾

心裡藏著祕密的「蜥蜴」與「偽蝸牛」
一起組合成掛飾，
會隨風搖曳，轉來轉去。
加上毛線圓球與魚兒，
顯得更加清爽愜意。

6

製作方法 **P.62**

使用線材 Hamanaka Wanpaku denis
Hamanaka Piccolo

12

蜥蜴 tokage

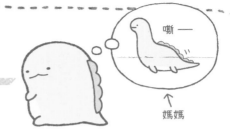

其實是倖存的恐龍。
因為怕被人類抓走，所以偽裝成蜥蜴的樣子。
對偽蝸牛敞開心房。

BACK　　SIDE

蜥蜴本體的製作方法請參閱　**P.32、P.33、P.36**

偽蝸牛 nisetsumuri

其實是身上揹著殼的蛞蝓。
對說謊這件事，心裡有些過意不去……

 ABOVE　　 SIDE

偽蝸牛本體的製作方法請參閱　**P.37、P.40**

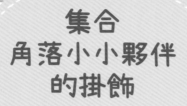

集合
角落小小夥伴
的掛飾

尺寸迷你的角落小小夥伴
與圓滾滾的毛線球組合而成的掛飾，
渾圓又軟綿綿的，
怎麼那麼～～可愛！

7

製作方法 P.64

使用線材 Hamanaka Piccolo

14

麻雀 suzume

只是一隻普通麻雀。
對炸豬排很感興趣，
經常會去偷啄一口。

麻雀本體的製作方法請參閱 **P.37、P.41**

幽靈 obake

住在閣樓的角落裡。
不想嚇到人，
所以總是悄無聲息地。

幽靈本體的製作方法請參閱 **P.37、P.41、P.42**

粉圓 tapioca

奶茶先被喝光了，
因為不好吸，而被剩在杯子裡。
黑色粉圓的性格比其他粉圓更加彆扭。

黑色粉圓

粉圓本體的製作方法請參閱 **P.37、P.42**

圓滾滾的
角落小夥伴花環

角落小夥伴們全都變成
圓滾滾的 Q 版啦！
只要學會鉤織成簡單的圓球，
就能感受到
角落小夥伴的無敵可愛。

8

製作方法 **P.59**

使用線材　Hamanaka Wanpaku denis
Hamanaka Piccolo
Hamanaka Tino

16

製作方法 **P.66**

使用線材　Hamanaka Wanpaku denis
　　　　　Hamanaka Piccolo
　　　　　Hamanaka Tino

角落小夥伴與
角落小小夥伴的
集合壁飾

超級可愛的壁飾，讓所有登場角色來個
大集合，角落小夥伴們全都緊緊地
依偎在一起。這是一款角落小夥伴
粉絲一定會想做出來的
夢幻作品。

大家一起擠在框框上
向外看的背影
也很可愛。

角落小夥伴 X 享受四季滋味

角落小夥伴們全都依照季節換上可愛的衣服！
收錄各種能感受到季節氛圍的創意主題。

夏

緊緊抓住西瓜，
連背影都好可愛！

10
企鵝？與
粉圓

西瓜造型掛飾

喜歡小黃瓜的「企鵝？」
在夏天發現了又紅又甜的
「圓形小黃瓜？」
藉由西瓜圖案營造出夏日氛圍。

製作方法 **P.68**

使用線材 Hamanaka Wanpaku denis
Hamanaka Piccolo

夏

冰淇淋造型
背包吊飾

角落小夥伴們以冰淇淋的姿態登場！
只要將它們掛在包包上，
就能隨時隨地
與心愛的角落小夥伴在一起啦！

11 白熊
冰淇淋

12 粉圓
冰淇淋

13 炸豬排與
炸蝦尾冰淇淋

14 企鵝？
冰淇淋

掛在包包上
一起出門吧！

製作方法 **P.71**

使用線材 Hamanaka Wanpaku denis
Hamanaka Piccolo

15
貓

蘋果造型掛飾

以蘋果為主題，
展現「秋之味」的掛飾。
鮮紅的蘋果造型外框
讓房間整個亮了起來，
連「貓」本身
也變成蘋果的一部分了？

製作方法 **P.74**

使用線材　Hamanaka Wanpaku denis
　　　　　Hamanaka Piccolo
　　　　　Hamanaka Tino

16
貓與幽靈

BACK

17
蜥蜴與偽蝸牛

BACK

萬聖節造型掛飾

「貓」化身為南瓜、
「蜥蜴」打扮成吸血鬼德古拉，
就連「幽靈」與「偽蝸牛」
也穿上橘色或紫色的節慶主題服裝，
一同營造出濃濃的萬聖節氛圍。

製作方法 **P.80**

使用線材　Hamanaka Wanpaku denis
　　　　　Hamanaka Piccolo
　　　　　Hamanaka Tino
　　　　　（僅作品16需要）

21

聖誕吊飾

角落小夥伴們全都戴著聖誕帽，
只要加上金色緞帶就變成聖誕樹上的吊飾。
而且「粉圓」與「偽蝸牛」
還變身成聖誕版，
身上出現蛋糕捲、
草莓等可愛元素。

冬

製作方法 **P.88**

使用線材　Hamanaka Wanpaku denis
（僅作品 20 至 24 需要）
Hamanaka Piccolo
Hamanaka Tino
（僅作品 23 需要）

18
粉圓

19
偽蝸牛

20
蜥蜴

21
炸豬排

22
白熊

23
貓

24
企鵝？

角落小夥伴 X 日常雜貨

**角落小夥伴們變身成各種方便又好用的生活用具！
就讓我們一起來鉤織這些常出現在生活週邊的實用小物吧！**

25 貓

26 炸豬排

27 蜥蜴

しゅくだい
わすれずに！

28 白熊

29 企鵝？

超Q的尾巴與背鰭！

磁力便條紙夾

可愛的臥姿造型，
是一款內裝磁鐵的便條紙夾。
只要放在書桌或客廳等處，
就能讓角落小夥伴
幫忙傳達重要的訊息。

製作方法 **P.92**

使用線材　Hamanaka Wanpaku denis
　　　　　Hamanaka Piccolo
　　　　　Hamanaka Tino
　　　　　（僅作品 25 需要）

手腳與腹部紋路
完整展現。

內裝磁鐵，
可輕鬆夾住便條紙或小卡！

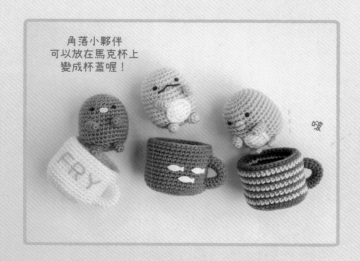

角落小夥伴
可以放在馬克杯上
變成杯蓋喔！

哦

馬克杯造型的
小物收納籃

角落小夥伴們最喜歡待在
空間狹小的馬克杯裡了。
這是一款帶有獨特巧思的小物收納籃，
角落小夥伴剛好能塞進馬克杯口，
變成可愛的杯蓋。

30 企鵝？

31 貓

33 炸豬排

34 蜥蜴

32 白熊

製作方法　**P.85**

使用線材　Hamanaka Wanpaku denis
　　　　　Hamanaka Piccolo
　　　　　Hamanaka Tino
　　　　　（僅作品 31 需要）

日式浴缸
造型小托盤

怕冷的「白熊」在溫暖的浴缸中
暖呼呼地泡澡,「炸豬排」與「炸蝦尾」
正在油鍋中重新回炸成酥脆的口感。
這是一款可以擺放鑰匙、飾品、
印章等小物的實用收納托盤。

內側用不同顏色
呈現熱水或熱油的形象!

35

炸豬排與
炸蝦尾

36

白熊

製作方法 **P.96**

使用線材　Hamanaka Wanpaku denis
　　　　　Hamanaka Piccolo
　　　　　Hamanaka Tino

暖暖包套

將暖暖包放進手工鉤織的「暖暖包專用套」，能有效提升保溫效果。怕冷的「白熊」與被吃剩放到冷掉的「炸豬排」是最適合本作品的兩個角色。

37 白熊

38 炸豬排

拿來當面紙套使用
也很可愛！

製作方法 **P.98**

使用線材　Hamanaka Wanpaku denis

製作方法 **P.77**

使用線材　Hamanaka Wanpaku denis
Hamanaka Piccolo

39

蜥蜴與
馬卡龍的針插

馬卡龍可以
當作針插使用喔！

偽蝸牛捲尺

可以從蝸牛殼中拉出捲尺，
是一款趣味十足的
縫紉小工具。

製作方法 **P.77**

使用線材　Hamanaka Piccolo

40

開始鉤織之前

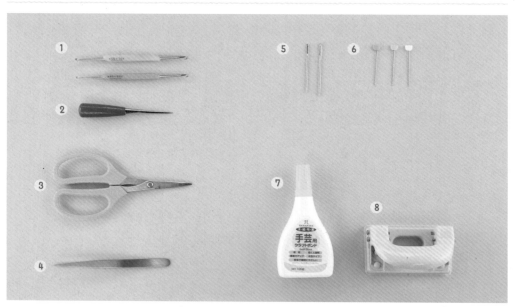

用具提供：Hamanaka 株式會社（ ② 、 ④ 、 ⑧ 除外 ）

① **鉤針**
鉤針尾端的針頭是呈現鉤狀。鉤針的粗細是以號碼表示。本書的作品主要是使用 5/0 或 4/0 號鉤針來製作。

② **錐子**
用於擴大鉤織的針目，方便將毛線娃娃的各部位組合在一起。

③ **剪刀**
用來修剪線材或不織布等。

④ **鑷子**
用於輔助填充手工藝棉花等。

⑤ **毛線縫針**
毛線專用針，針尖爲較鈍的圓頭狀，針孔也比一般縫針大。可用於將毛線娃娃各部位接縫在一起，或用藏線方式處理多餘的毛線，以及製作刺繡等。

⑥ **珠針**
用於暫時固定各部位。

⑦ **手工藝用黏著劑**
用於黏合毛線娃娃的各部位或不織布等。

⑧ **打孔機**
用於製作圓形不織布時，會比用剪刀剪得更漂亮。

使用線材

左側：Hamanaka Wanpaku denis
選用「粗（並太）」款的直線紗（straight yarn）進行鉤織，不只鉤織過程較輕鬆，還更容易計算針目，由於直線紗的線材捻合方式與粗細度都一致，所以非常推薦初學者選用。本書在製作角落小夥伴時，主要就是使用這款線材。

中間：Hamanaka Piccolo
右側：Hamanaka Tino
這兩款線材是比 Hamanaka Wanpaku denis 更細一些的直線紗。在本書中 Hamanaka Piccolo 主要用於製作尺寸較小巧的角落小小夥伴，或用於刺繡；而 Hamanaka Tino 則主要用來做刺繡。

必要的材料

手工藝棉花
在毛線娃娃的各部位中塞進棉花填充，就能讓娃娃膨起來變得更立體。本書使用「Hamanaka NeoClean Wata」這款手工藝棉花。

不織布
直接依照原寸紙型裁剪出所需的形狀，再用黏著劑黏合在毛線娃娃上。（書中材料欄位所標示的分量，比實際所需的用量稍多）

定型鋁線
書中是使用粗 2mm 柔軟且容易彎折的「Hamanaka 手工藝用編織鋁線」。

厚紙板
可縫進織片內部或黏貼在織片上，用來增加作品的安定度與強度。

從毛線中取出線頭的做法

1 將手指伸進毛線團中央，捏住內部的線頭，再向外拉出。（手指要深入毛線團尋找線頭）

2 一直拉到線頭出來為止。
※如果拉出整球的線團，請從線團中找出線頭。

鉤針的拿法

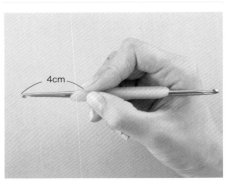

用右手拿著鉤針，將大拇指和食指放在距離針尖約 4cm 處，再將中指輕輕搭在鉤針上。

角落小夥伴 本體的製作方法

※企鵝？詳細的製作方法與圖文解說請參閱 P.43~P.50。

使用線材
※均使用 Hamanaka 的線材。

白熊（P.5）
Wanpaku denis
白色（1）12g
Piccolo
深褐色（17）少量

企鵝？（P.7）
Wanpaku denis
黃綠色（53）9g
白色（1）1g
Piccolo
黃色（42）1g
深褐色（17）少量
金褐色（21）少量

炸豬排（P.9）
Wanpaku denis
金褐色（61）11g
Piccolo
深褐色（17）少量

貓（P.11）
Wanpaku denis
原色（2）10g
黃色（3）2g
金褐色（61）1g
白色（1）少量
Piccolo
深褐色（17）少量
Tino
土色（13）少量

蜥蜴（P.13）
Wanpaku denis
水藍色（47）10g
白色（1）1g
Piccolo
淺藍色（23）1g
深褐色（17）少量

其他材料

通用
手工藝棉花
「Hamanaka NeoClean Wata」
（H405-401）適量

白熊
不織布（淡粉紅色）2cmx2cm
不織布（深褐色）2cmx2cm

炸豬排
不織布（淡粉紅色）2cmx2cm

貓
不織布（褐色）2cmx2cm

工具

Hamanaka 樂樂雙頭鉤針 5/0 號
Hamanaka 樂樂雙頭鉤針 4/0 號
（只有「企鵝？」及「蜥蜴」需要）

完成尺寸

請參考圖示

製作方法

按照織圖鉤織所需的針目，製作出各部位的織片，再依圖示做收尾處理。

白熊、企鵝？、炸豬排身體的織圖
5/0 號鉤針

企鵝？的配色　□＝黃綠色　□＝白色

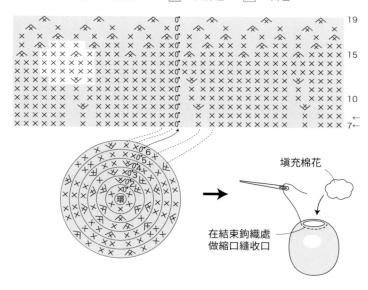

填充棉花
在結束鉤織處做縮口縫收口

段數	針數	加減針
19	6	
18	12	
17	18	每段各減6針
16	24	
15	30	
14	36	不加減針
13	36	
12	36	加3針
11	33	不加減針
10	33	
9	33	加3針
8	30	不加減針
7	30	
6	30	加6針
5	24	不加減針
4	24	每段各加6針
3	18	
2	12	
1	6	環狀起針後鉤6針

通用 手部的織圖（各2片）
5/0 號鉤針

填充棉花

段數	針數	加減針
4	5	不加減針
3	5	
2	5	
1	5	環狀起針後鉤5針

配色

	白熊	企鵝？	炸豬排	貓	蜥蜴
身體	白色	參照上圖	金褐色	參照 P.35	參照 P.36
手	白色	黃綠色	金褐色	原色	水藍色
腳	白色	黃色	金褐色	原色	水藍色

白熊、炸豬排、貓、蜥蜴 腳部的織圖（各 2 片）
5/0 號鉤針

填充棉花

段數	針數	加減針
3	6	不加減針
2		
1	6	環狀起針後鉤 6 針

通用 收尾處理

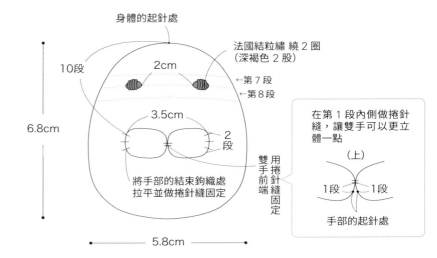

身體的起針處

法國結粒繡 繞 2 圈
（深褐色 2 股）

10段

2cm

←第 7 段
←第 8 段

6.8cm

3.5cm

2段

將手部的結束鉤織處拉平並做捲針縫固定

雙手前端捲針縫固定

5.8cm

在第 1 段內側做捲針縫，讓雙手可以更立體一點

（上）

1段   1段

手部的起針處

白熊 尾巴的織圖
白色　5/0 號鉤針

填充棉花

段數	針數	加減針
2	8	加 2 針
1	6	環狀起針後鉤 6 針

白熊 耳朵的織圖（2 片）
白色　5/0 號鉤針

起針
鉤 3 針鎖針

1←

白熊
不織布的原寸紙型

內耳
（淡粉紅色 2 片）

鼻子
（深褐色 1 片）

白熊 收尾處理

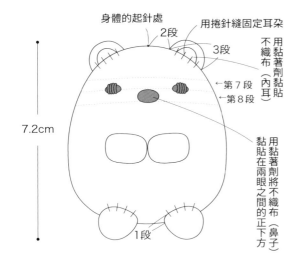

身體的起針處

用捲針縫固定耳朵

2段

3段

不織布
用黏著劑黏貼（內耳）

←第 7 段
←第 8 段

用黏著劑將不織布（鼻子）黏貼在兩眼之間的正下方

7.2cm

1段

（底部）

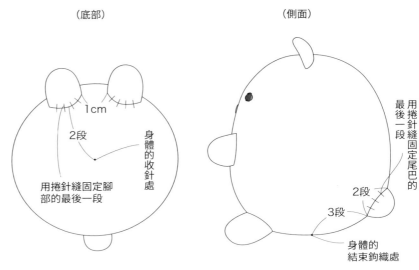

1cm

2段

身體的收針處

用捲針縫固定腳部的最後一段

（側面）

用捲針縫固定尾巴的最後一段

2段

3段

身體的結束鉤織處

企鵝？ 嘴巴的織圖
黃色　4/0 號鉤針

鎖鏈接縫

起針
鉤 2 針鎖針

企鵝？ 腳的織圖（2 片）
黃色　4/0 號鉤針

● = 穿線的位置

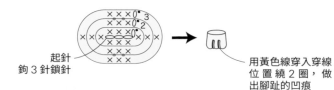

起針
鉤 3 針鎖針

用黃色線穿入穿線
位 置 繞 2 圈，做
出腳趾的凹痕

段數	針數	加減針
3	8	不加減針
2		
1	8	從 3 針鎖針中鉤 8 針

企鵝？ 收尾處理

身體的起針處

直針繡
（金褐色 1 股）

←第 7 段
←第 8 段
←第 9 段

用黏著劑將嘴巴黏貼
在兩眼之間的正下方

6.8cm

做一圈鎖鏈繡，藉
此隱藏黃綠色與白
色之間顏色交錯的
痕跡（白色 1 股）

（底部）

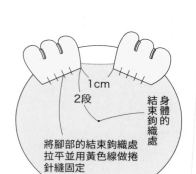

1cm

2段

身體的結束鉤織處

將腳部的結束鉤織處
拉平並用黃色線做捲
針縫固定

炸豬排 收尾處理

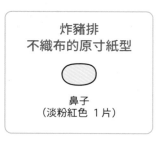

炸豬排
不織布的原寸紙型

鼻子
（淡粉紅色 1 片）

身體的起針處

用黏著劑將不織布（鼻子）
黏貼在兩眼之間的正下方

←第 7 段
←第 8 段

6.8cm

1段

（底部）

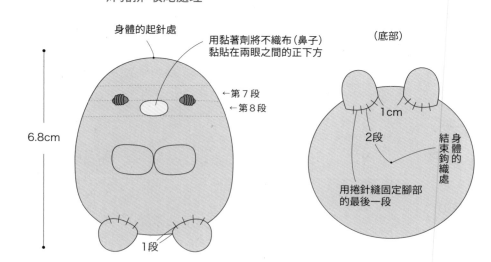

1cm

2段

身體的結束鉤織處

用捲針縫固定腳部
的最後一段

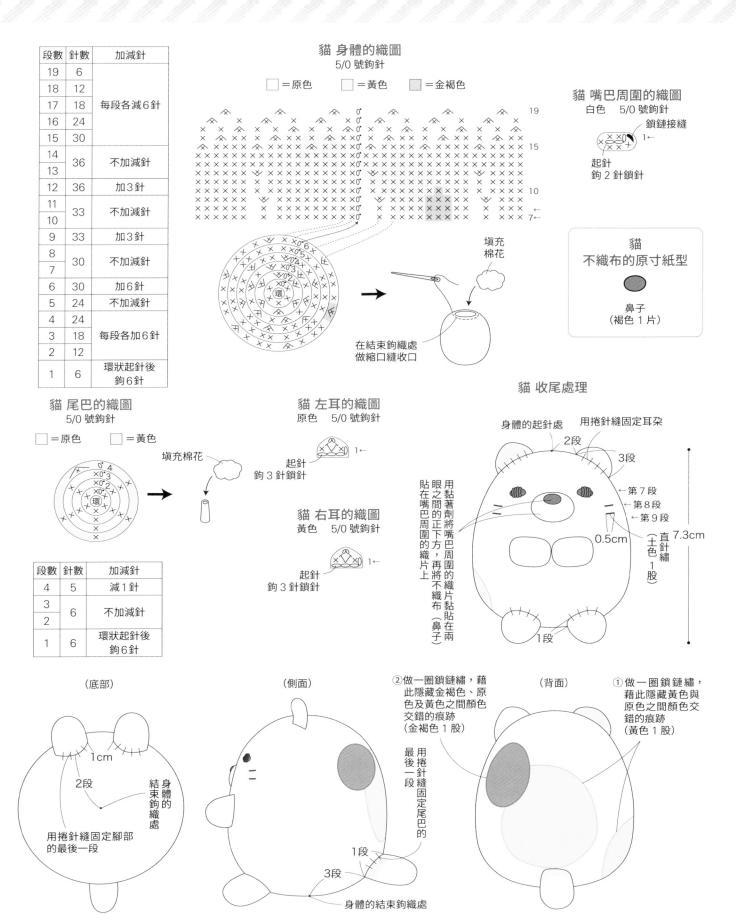

段數	針數	加減針
19	6	
18	12	
17	18	每段各減6針
16	24	
15	30	
14	36	不加減針
13		
12	36	加3針
11	33	不加減針
10		
9	33	加3針
8	30	不加減針
7		
6	30	加6針
5	24	不加減針
4	24	
3	18	每段各加6針
2	12	
1	6	環狀起針後鉤6針

貓 身體的織圖
5/0 號鉤針

☐＝原色　☐＝黃色　▨＝金褐色

貓 嘴巴周圍的織圖
白色　5/0 號鉤針
鎖鏈接縫
起針
鉤 2 針鎖針

貓
不織布的原寸紙型
鼻子
（褐色 1 片）

填充棉花
在結束鉤織處做縮口縫收口

貓 尾巴的織圖
5/0 號鉤針

☐＝原色　☐＝黃色

填充棉花

貓 左耳的織圖
原色　5/0 號鉤針
起針
鉤 3 針鎖針

貓 右耳的織圖
黃色　5/0 號鉤針
起針
鉤 3 針鎖針

段數	針數	加減針
4	5	減1針
3	6	不加減針
2		
1	6	環狀起針後鉤6針

貓 收尾處理

身體的起針處
用捲針縫固定耳朵
2段
3段
用黏著劑將嘴巴周圍的織片黏貼在兩眼之間的正下方，再將不織布貼在嘴巴周圍的織片上
← 第 7 段
← 第 8 段
← 第 9 段
0.5cm
直針繡（土色 1 股）
7.3cm
1段

（底部）
1cm
2段
身體的結束鉤織處
用捲針縫固定腳部的最後一段

（側面）
1段
3段
身體的結束鉤織處

②做一圈鎖鏈繡，藉此隱藏金褐色、原色及黃色之間顏色交錯的痕跡（金褐色 1 股）
最後一段用捲針縫固定尾巴的

（背面）
①做一圈鎖鏈繡，藉此隱藏黃色與原色之間顏色交錯的痕跡（黃色 1 股）

蜥蜴 身體的織圖
5/0 號鉤針

□ = 水藍色　　□ = 白色　　⋀ = ⋀ 減針 3 針短針併為 1 針

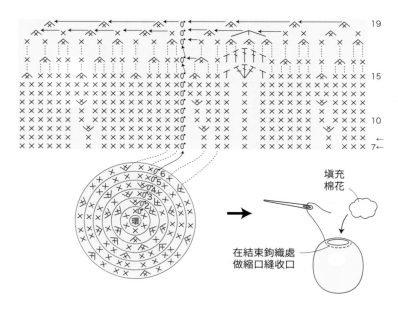

段數	針數	加減針
19	6	減6針
18	12	參照織圖
17	19	
16	27	
15	33	
14	36	不加減針
13		
12	36	加3針
11	33	不加減針
10		
9	33	加3針
8	30	不加減針
7		
6	30	加6針
5	24	不加減針
4	24	每段各加6針
3	18	
2	12	
1	6	環狀起針後鉤6針

填充
棉花

在結束鉤織處
做縮口縫收口

蜥蜴 背鰭的織圖
淡藍色　4/0 號鉤針

↓ = ↓ 加針 鉤入 3 短針

靠近尾巴那一側　　　　　　　1← 靠近頭部那一側
起針
鉤 8 針鎖針

蜥蜴 收尾處理

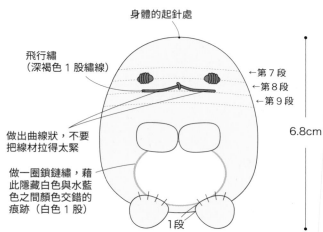

身體的起針處

飛行繡
(深褐色 1 股繡線)

←第 7 段
←第 8 段
←第 9 段

6.8cm

做出曲線狀,不要
把線材拉得太緊

做一圈鎖鏈繡,藉
此隱藏白色與水藍
色之間顏色交錯的
痕跡(白色 1 股)

1段

(側面)

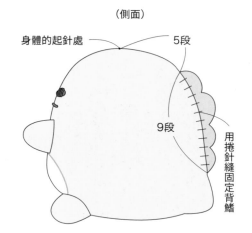

身體的起針處　　　　　5段

9段

用捲針縫固定背鰭

(底部)

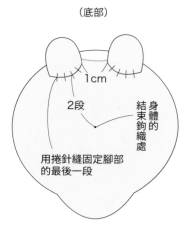

1cm

2段

身體的結束鉤織處

用捲針縫固定腳部
的最後一段

角落小小夥伴 本體的製作方法

使用線材　※均使用 Hamanaka Piccolo。

裏布（P.5）
淡粉紅色（40）3g
深褐色（17）少量

飛塵（P.7）
灰色（33）3g
深褐色（17）1g

炸蝦尾（P.9）
黃色（42）3g
朱紅色（26）1g
深褐色（17）少量

雜草（P.11）
黃綠色（9）2g
深褐色（17）少量

偽蝸牛（P.13）
水藍色（12）4g
原色（2）2g
深褐色（17）少量

麻雀（P.15）
原色（2）1g
金褐色（21）1g
深駝色（38）1g
深褐色（17）少量

幽靈（P.15）
白色（1）3g
深褐色（17）少量

粉圓（粉色）（P.15）
淡粉紅色（40）3g
深褐色（17）少量

粉圓（黃色）（P.15）
乳黃色（41）3g
深褐色（17）少量

粉圓（藍色）（P.15）
水藍色（12）3g
深褐色（17）少量

黑色粉圓（P.15）
深褐色（17）3g
白色（1）少量

其他材料

通用
手工藝棉花「Hamanaka NeoClean Wata」
（H405-401）適量

裏布、偽蝸牛
不織布（白色）3cmx3cm

飛塵
不織布（淡粉紅色）2cmx2cm

麻雀
不織布（金褐色）2cmx2cm
不織布（深褐色）2cmx2cm

幽靈
不織布（紅色）4cmx2cm

工具
通用　Hamanaka 樂樂雙頭鉤針 4/0 號

完成尺寸

裏布
高度 4.5cm
飛塵
高度 4.3cm

炸蝦尾
高度 4.8cm
雜草
高度 3.8cm

偽蝸牛
高度 5cm
麻雀
高度 3.5cm

幽靈
高度 3.5cm
粉圓
高度 3.5cm

製作方法
按照織圖鉤織所需的針目，製作出各部位的織片，
再依圖示做收尾處理。

段數	針數	加減針
12	5	每段各減5針
11	10	
10	15	
9	20	
8	25	
7	30	不加減針
6	30	
5	30	每段各加6針
4	24	
3	18	
2	12	
1	6	環狀起針後鉤6針

裏布 身體的織圖
粉紅色　4/0 號鉤針

● = 黏貼不織布的位置　　● ‧ —— = 做刺繡的位置

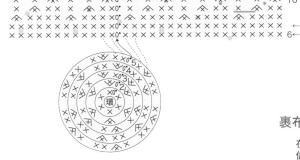

在結束鉤織處做縮口縫收口

填充棉花

裏布 不織布的原寸紙型

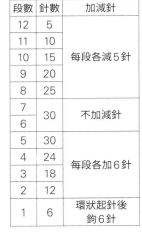

花紋
（白色 10 片）

裏布 打結的織圖
粉紅色　4/0 號鉤針

∨ = ⋎ 加針 鉤入 2 短針

起針
鉤 5 針鎖針

鎖鏈接縫

在正中央處用粉紅色線纏繞
10 次，塑造出打結的外型

裏布 收尾處理

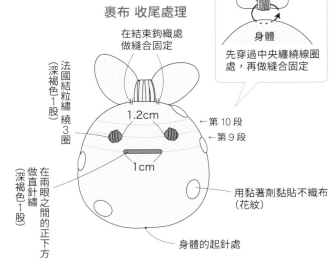

在結束鉤織處做縫合固定

法國結粒繡纏繞3圈（深褐色1股）

打結

身體
先穿過中央纏繞線圈處，再做縫合固定

1.2cm

1cm

←第 10 段
←第 9 段

在兩眼之間的正下方做直針繡（深褐色1股）

用黏著劑黏貼不織布（花紋）

身體的起針處

飛塵 身體的織圖
灰色　4/0 號鉤針

段數	針數	加減針
12	7	每段各減7針
11	14	
10	21	減3針
9		不加減針
8		
7	24	
6		
5		
4	24	加3針
3	21	每段各加7針
2	14	
1	7	環狀起針後鉤7針

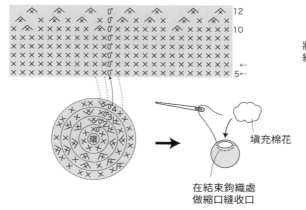

填充棉花

在結束鉤織處做縮口縫收口

飛塵 手部、腳部的織圖（各2片）
深褐色　4/0 號鉤針

起針
鉤2針鎖針

將起針處的線頭與鉤織結束處的線尾一起打結

飛塵
不織布的原寸紙型

嘴巴
（淡粉紅色1片）

飛塵 收尾處理

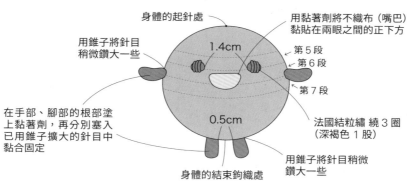

身體的起針處

用黏著劑將不織布（嘴巴）黏貼在兩眼之間的正下方

用錐子將針目稍微鑽大一些

第5段
第6段
1.4cm
第7段

在手部、腳部的根部塗上黏著劑，再分別塞入已用錐子擴大的針目中黏合固定

0.5cm

法國結粒繡 繞3圈（深褐色1股）

身體的結束鉤織處

用錐子將針目稍微鑽大一些

炸蝦尾 身體的織圖
黃色　4/0 號鉤針

段數	針數	加減針
12	7	每段各減7針
11	14	
10	21	不加減針
9		
8	21	
7		
6		
5	21	加3針
4	18	不加減針
3	18	每段各加6針
2	12	
1	6	環狀起針後鉤6針

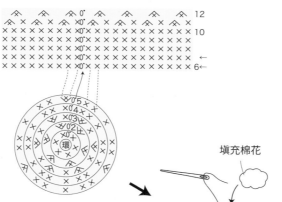

填充棉花

在結束鉤織處做縮口縫收口

炸蝦尾 蝦尾的織圖
朱紅色　4/0 號鉤針

起針 鉤3針鎖針

炸蝦尾 手部的織圖（2片）
黃色　4/0 號鉤針

填充棉花

段數	針數	加減針
2	4	不加減針
1	4	環狀起針後鉤4針

炸蝦尾 腳部的織圖（2片）
黃色　4/0 號鉤針

填充棉花

段數	針數	加減針
2	5	不加減針
1	5	環狀起針後鉤5針

炸蝦尾 收尾處理

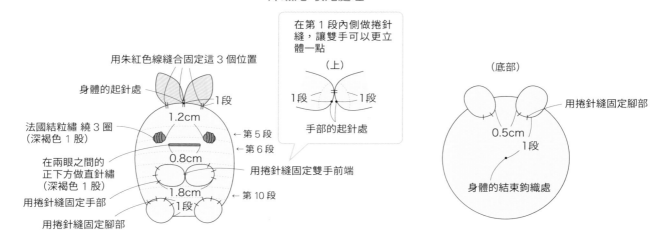

用朱紅色線縫合固定這 3 個位置

身體的起針處

在第 1 段內側做捲針縫，讓雙手可以更立體一點

（上）

1 段　　1 段

手部的起針處

1.2cm

←第 5 段
←第 6 段

←第 10 段

法國結粒繡 繞 3 圈
（深褐色 1 股）

在兩眼之間的
正下方做直針繡
（深褐色 1 股）

0.8cm

用捲針縫固定雙手前端

用捲針縫固定手部

1.8cm

1 段

用捲針縫固定腳部

（底部）

用捲針縫固定腳部

0.5cm

1 段

身體的結束鉤織處

雜草 身體的織圖
黃綠色　4/0 號鉤針

▷ = 接線
▶ = 剪線

● = 安裝腳部的位置　　● · ─ = 做刺繡的位置

段數	針數	加減針
7	16	參照織圖
6	20	
5	14	
4	22	
3	18	加 2 針
2	16	不加減針
1	16	從 7 針鎖針中鉤 16 針

※第 2 段的短針做筋編。

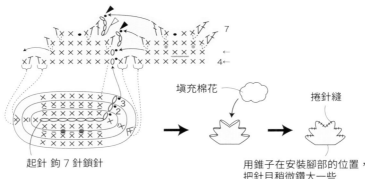

起針 鉤 7 針鎖針

填充棉花

捲針縫

用錐子在安裝腳部的位置，把針目稍微鑽大一些

雜草 手部的織圖（2 片）
黃綠色　4/0 號鉤針

填充棉花

段數	針數	加減針
2	4	不加減針
1	4	環狀起針後鉤 4 針

雜草 腳部的織圖（2 片）
深褐色　4/0 號鉤針

起針 鉤 4 針鎖針　　　1 ←

將起針處的線頭與鉤織結束處的線尾一起打結

雜草 收尾處理

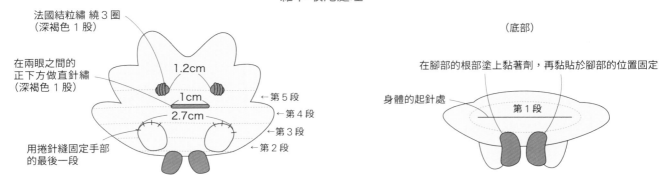

法國結粒繡 繞 3 圈
（深褐色 1 股）

在兩眼之間的
正下方做直針繡
（深褐色 1 股）

1.2cm

1cm

←第 5 段
←第 4 段

2.7cm

←第 3 段
←第 2 段

用捲針縫固定手部
的最後一段

（底部）

在腳部的根部塗上黏著劑，再黏貼於腳部的位置固定

身體的起針處

第 1 段

偽蝸牛 身體的織圖
原色　4/0 號鉤針

● =安裝觸角的位置　● • —— =做刺繡的位置

∧ = ∧ 減針 3 針短針併為 1 針

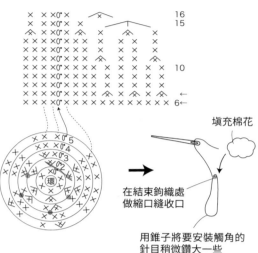

段數	針數	加減針
16	5	減1針
15	6	減2針
14	8	減3針
13	11	不加減針
12		
11	11	減2針
10	13	不加減針
9		
8		
7	13	減3針
6	16	不加減針
5	16	減2針
4	18	不加減針
3	18	每段各加6針
2	12	
1	6	環狀起針後鉤6針

填充棉花

在結束鉤織處做縮口縫收口

用錐子將要安裝觸角的針目稍微鑽大一些

偽蝸牛 蝸牛殼的織圖（2 片）
水藍色　4/0 號鉤針

—— =蝸牛殼（左）做刺繡的位置

—— =蝸牛殼（右）做刺繡的位置

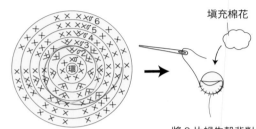

填充棉花

將 2 片蝸牛殼背對背疊在一起，再挑起最後一段的半山（2 條）做捲針縫

段數	針數	加減針
6	24	不加減針
5		
4	24	加3針
3	21	每段各加7針
2	14	
1	7	環狀起針後鉤7針

偽蝸牛
不織布的原寸紙型

○

花紋
（白色 10 片）

偽蝸牛 觸角的織圖（2 片）
原色　4/0 號鉤針

起針 鉤 2 針鎖針

將起針處的線頭與鉤織結束處的線尾一起打結

偽蝸牛 收尾處理

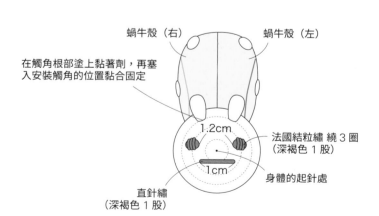

蝸牛殼（右）　　蝸牛殼（左）

在觸角根部塗上黏著劑，再塞入安裝觸角的位置黏合固定

1.2cm

1cm

法國結粒繡 繞 3 圈（深褐色 1 股）

身體的起針處

直針繡（深褐色 1 股）

用黏著劑黏貼不織布（花紋），並在蝸牛殼上黏貼出均勻分布的花紋（左右各 5 個）

鎖鏈繡（淺藍色 1 股）

蝸牛殼（左）的起針處

7段

3段

蝸牛殼（左）的起針處

身體的起針處

身體的結束鉤織處

用捲針縫固定蝸牛殼

麻雀 身體的織圖
4/0 號鉤針

段數	針數	加減針
12	8	每段各減8針
11	16	
10	24	不加減針
9	24	加3針
8	21	不加減針
7		
6		
5	21	加3針
4	18	不加減針
3	18	每段各加6針
2	12	
1	6	環狀起針後鉤6針

■ =金褐色　□ =原色　□ =深駝色
∧ = ∧ 減針3針短針併為1針　— =安裝翅膀的位置
• =做刺繡的位置

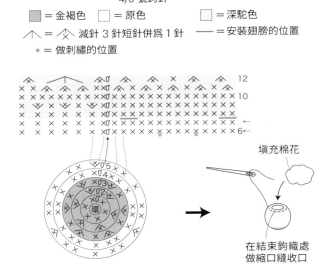
填充棉花
在結束鉤織處做縮口縫收口

麻雀 翅膀的織圖（2片）
金褐色　4/0 號鉤針

起針
鉤2針鎖針

麻雀 不織布的原寸紙型

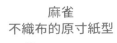

臉頰
（金褐色2片）

嘴巴
（深褐色1片）

麻雀 收尾處理

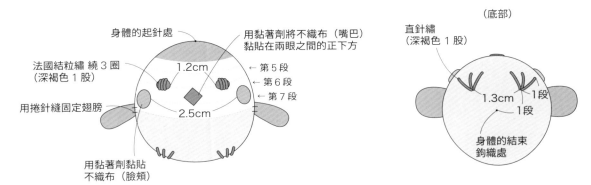

身體的起針處
法國結粒繡 繞3圈（深褐色1股）
用捲針縫固定翅膀
用黏著劑黏貼不織布（臉頰）
用黏著劑將不織布（嘴巴）黏貼在兩眼之間的正下方
←第5段
←第6段
←第7段
1.2cm
2.5cm

（底部）
直針繡（深褐色1股）
1.3cm　1段
1段
身體的結束鉤織處

幽靈 身體的織圖
白色　4/0 號鉤針

段數	針數	加減針
12	9	參照織圖
11	23	
10	23	加2針
9	21	不加減針
8		
7		
6		
5	21	加3針
4	18	不加減針
3	18	每段各加6針
2	12	
1	6	環狀起針後鉤6針

— =穿線的位置　•·— =做刺繡的位置
∧ = ∧ 減針3針短針併為1針

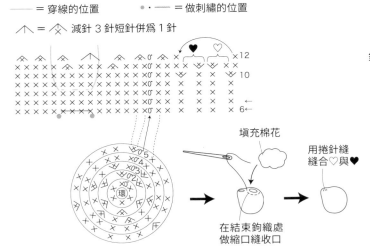
填充棉花
在結束鉤織處做縮口縫收口
用捲針縫縫合♡與♥

幽靈 手部的織圖（2片）
白色　4/0 號鉤針

起針
鉤2針鎖針
手部前端

幽靈 不織布的原寸紙型

圍裙（紅色1片）

※接續下一頁。

幽靈 收尾處理

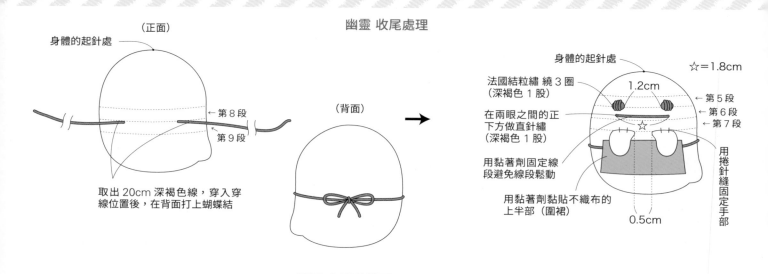

（正面）
身體的起針處
←第8段
第9段

取出20cm深褐色線，穿入穿
線位置後，在背面打上蝴蝶結

（背面）

身體的起針處
☆＝1.8cm
法國結粒繡 繞3圈
（深褐色 1股）
1.2cm
←第5段
←第6段
←第7段
在兩眼之間的正下方做直針繡
（深褐色 1股）
☆
用捲針縫固定手部
用黏著劑固定線段避免線段鬆動
用黏著劑黏貼不織布的
上半部（圍裙）
0.5cm

粉圓 身體的織圖
4/0 號鉤針

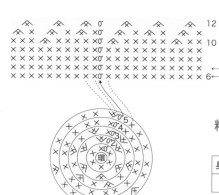

段數	針數	加減針
12	6	每段各減6針
11	12	
10	18	減3針
9	21	不加減針
8		
7		
6		
5	21	加3針
4	18	不加減針
3	18	每段各加6針
2	12	
1	6	環狀起針後鉤6針

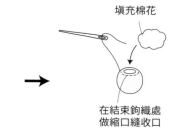

填充棉花

在結束鉤織處
做縮口縫收口

粉圓的配色

	粉紅款	藍色款	黃色款	黑色款
身體、手部、腳部	淡粉紅色	水藍色	乳黃色	深褐色
刺繡	深褐色			白色

粉圓 腳部的織圖（各2片）
4/0 號鉤針

段數	針數	加減針
2	5	不加減針
1	5	環狀起針後鉤5針

填充棉花

粉圓 手部的織圖（各2片）
4/0 號鉤針

段數	針數	加減針
2	4	不加減針
1	4	環狀起針後鉤4針

填充棉花

粉圓 收尾處理

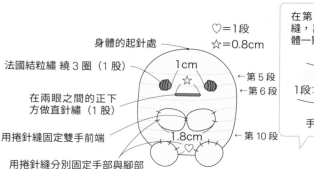

身體的起針處
♡＝1段
☆＝0.8cm
法國結粒繡 繞3圈（1股）
1cm
☆
←第5段
←第6段
在兩眼之間的正下方做直針繡（1股）
用捲針縫固定雙手前端
1.8cm
←第10段
用捲針縫分別固定手部與腳部

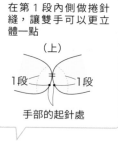

（上）
在第1段內側做捲針縫，讓雙手可以更立體一點
1段
1段
手部的起針處

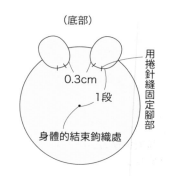

（底部）
0.3cm
1段
用捲針縫固定腳部
身體的結束鉤織處

一起動手製作企鵝？吧！

起針　[環] 環狀起針 - 將線繞成環狀的起針方式（織圖中以「環」表示）

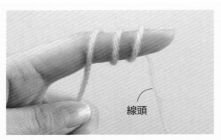

1　約留 10cm 的線頭，將線材纏繞在左手食指上，繞 2 圈。

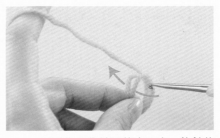

2　用手指壓住線圈的交叉處，鉤針依箭頭指示入針。

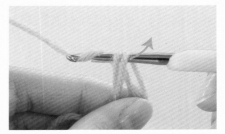

3　用鉤針鉤住線材，並依箭頭指示拉出來。

第一段

 鎖針

 短針

1　用鉤針鉤住線材，並依箭頭指示拉出來，即完成 1 針起立針的鎖針。

2　依箭頭指示將鉤針穿入線圈中。

3　用鉤針鉤住線材，並依箭頭指示拉出來。

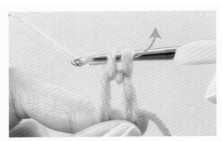

4　用鉤針鉤住線材，並依箭頭指示穿過掛在鉤針上的小線圈。

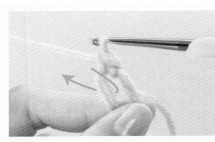

5　完成 1 針短針。以同樣的方式在環狀起針的針目內再鉤 5 針。

6　完成環狀起針後鉤 6 針。輕輕拉緊線頭，找出線圈中會動的那一條線段。

● 引拔針

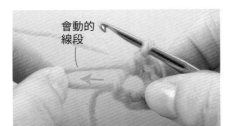

會動的線段

7　拉緊會動的那條線段，讓另一個線圈縮小。

8　拉緊線頭，讓剩下的那個線圈也縮小，直到中央處的洞口幾乎被填滿。

9　依箭頭指示將鉤針穿過第 1 針短針的半山（2 條）。

10 用鉤針鉤住線材，依箭頭指示穿過掛在鉤針上的小線圈即完成。

第 2 段

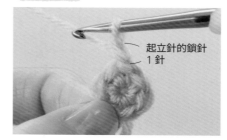

起立針的鎖針 1 針

1 鉤 1 針起立針的鎖針。

╳ 短針加針－鉤入 2 短針

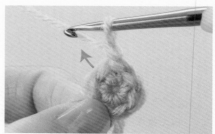

2 依箭頭指示穿過前一段短針的半山（2 條）鉤 1 針短針。

3 鉤完 1 針短針後，在同一個針目內再鉤 1 針短針。

4 完成在同一個針目中鉤入 2 短針。

5 以同樣的方式在前 1 段的所有針目中做加針鉤入 2 短針。最後跟第 1 段結尾處一樣鉤 1 針引拔針。6 個針目就會增加成 12 個針目。

第 3 段至第 11 段

參照織圖指示，依序加針鉤到第 11 段。

第 12 段至第 14 段

白色線約留 5cm 的線頭

1 先鉤到第 12 段的第 8 針，要在完成第 9 針前（在需要換成白色的前一針時，先放入白色線），鉤起白色線一起穿過掛在鉤針上的小線圈。

2 此時會拉出白色的小線圈。先將黃綠色線放在一旁休息，開始用白色線鉤短針，依箭頭指示穿入鉤針。

3 用白色線完成 1 針短針。依箭頭指示穿入鉤針，用白色線做加針，在同一針目中鉤 2 針短針。

4 用白色線做完加 2 針後，依箭頭指示穿入鉤針，繼續用白色線鉤 2 針短針。

5 鉤完所需的白色針目後，再鉤起黃綠色線，依箭頭指示一起穿過掛在鉤針上的小線圈。

6 拉出黃綠色的小線圈。從內側換上之前放在一旁的黃綠色線時，要注意不要將黃綠色線拉得太緊或放得太鬆。讓白色線先在一旁休息，用黃綠色線鉤完第 12 段。

7 在第 13 段要換成白色線的前 1 針時，依箭頭指示鉤起放在一旁休息的白色線。

8 依箭頭指示鉤起白色線一起穿過掛在鉤針上的小線圈。

9 拉出白色的小線圈。與步驟 6 一樣，要注意內側渡線的鬆緊度。依箭頭指示入針，鉤 1 針短針。

渡線

10 鉤完 1 針白色線的短針後，依照箭頭指示用白色線鉤 5 針短針。

11 鉤完所需的白色針目後，跟步驟 5 一樣，再鉤起黃綠色線繼續鉤完第 13 段剩餘的針數。第 14 段的做法與第 13 段相同。

第 15 段 短針減針 -2 針短針併為 1 針

1 先鉤到第 15 段的第 4 針，再依箭頭指示入針，鉤住線材後拉出來。

2 此時鉤針上掛著 2 個小線圈，即是「未完成的短針」狀態。繼續依箭頭指示穿入下一個針目內鉤住線材後拉出來。

織片的背面

渡線

以橫向移動的方式渡線。

※「未完成」是表示此時只要做一次引拔拉出的動作，就完成 1 針短針。

3 鉤針上掛著 3 個線圈，即是 2 個未完成的短針。再用鉤針鉤住線材，並依箭頭指示穿過所有小線圈拉出。

4 完成 2 針短針併為 1 針的減針。繼續交替鉤短針與 2 針短針併為 1 針，直到完成第 15 段。36 個針目就會減少成 30 個針目。

第 16 段至第 17 段

參照織圖指示繼續鉤到完成第 17 段。

填充棉花的方法

用鉤針向外拉出一個大圈

1 在鉤第 18 段前要先進行填充棉花。先用鉤針將鉤針上的小線圈向外拉成一個大線圈。再將棉花撕成適當的大小，陸續塞入身體內。

2 一邊調整外型一邊填充棉花。

3 鉤完最後 2 段。

4 與步驟 1 一樣，先用鉤針拉出一個大線圈，再用少量的棉花，一點一點向內塞，一邊調整外型。

※為方便解說，特別選用不同顏色的線材呈現。

5 身體完成填充棉花的步驟。

縮口縫收口

1 線尾要預留約 30cm 的線段再剪線，依箭頭指示拉出線尾。

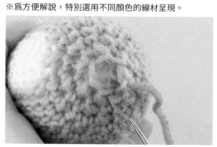

2 線尾穿入毛線縫針後，如箭頭指示入針，並從最後 1 段短針靠近自己那側的下半山（1 條）出針。

3 穿過 1 針的狀態。繼續以同樣的方式穿過其他針目。

4 最後 1 段 6 個針目都穿過後拉緊縫線，縮緊收口。

止縫結與藏線處理

1 將縫針穿入完成縮口縫收口的洞口內，並從稍微有點距離處出針。

2 將縫針放在出針處的上方，在縫針上纏繞 2 圈縫線後，用左手壓緊線圈並用右手抽出縫針即完成打結。

止縫結

3 完成止縫結。

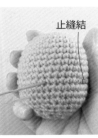

4 從步驟 1 穿出的位置處入針,並從稍微有點距離處出針。

5 只有止縫結外露在織片外側,此時要拉緊線材,讓止縫結穿入身體內,再沿著織片邊緣剪掉多餘的線材。

6 稍微搓揉一下,讓線段藏入身體內部,即完成企鵝?的身體。

法國結粒繡

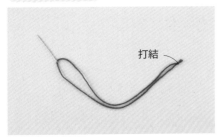

1 取一段約 50cm 的深褐色線,將線材穿入毛線縫針中,並在尾端打結。

2 從距離刺繡有點距離處入針,再從要做刺繡的位置(身體的第 7 段與第 8 段之間)出針。

3 拉緊線材,讓打結處藏入身體內部。

4 將縫針抵在出針處,並將線材纏繞 2 圈在縫針上。

5 線材纏繞在縫針上的樣子。

6 在距離步驟 2 出針位置很近的地方入針。

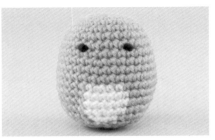

7 從稍微有點距離處出針,並一點一點拉緊線材,將眼睛調整成橢圓狀。

8 在距離步驟 7 出針位置很近的地方入針,再從另一側要做刺繡的位置出針。

9 重複步驟 4 至 7。最後打上止縫結,做藏線處理,即完成法國結粒繡。

安裝嘴巴

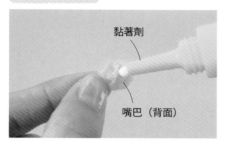

1 把織片翻到背面，將起針處的線頭與鉤織結束處的線尾打結在一起，剪掉多餘的線材，接著在織片背面塗上黏著劑。

2 將嘴巴黏貼在身體上（在兩眼之間的正下方），用手指輕壓使其黏合固定。

直針繡

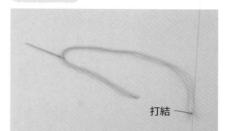

1 取一段約 30cm 的金褐色線，將線材穿入毛線縫針中，並在尾端打結。

2 從嘴巴附近出針，讓打結處藏入身體內部。

3 讓線材通過嘴巴中央，從嘴巴的另一側入針，再從稍微有點距離處出針。

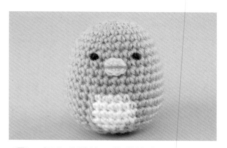

4 打上止縫結，做藏線處理，即完成直針繡。

鎖鏈繡

※為方便解說，特別選用不同顏色的線材呈現。

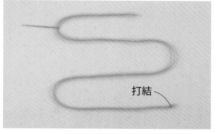

1 取一段約 70cm 的白色線，將線材穿入毛線縫針中，並在尾端打結。

2 從要做刺繡的位置出針，讓打結處藏入身體內部。接著在出針處入針，並距離約 5mm 處出針，依上圖箭頭指示將線材掛在縫針上。

③出針
①出針
②入針
5mm

②入針的位置與①出針位置相同。

3 線材掛在針尖的樣子，再依箭頭指示拉出縫針。

4 輕輕地拉緊線材即完成 1 個鎖鏈繡。

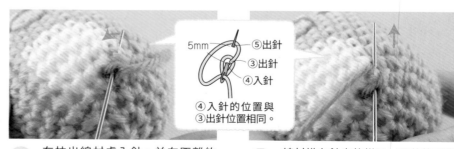

5 在拉出線材處入針，並在距離約 5mm 處出針，依上圖箭頭指示將線材掛在縫針上。

5mm
⑤出針
③出針
④入針

④入針的位置與③出針位置相同。

6 線材掛在針尖的樣子，再依箭頭指示拉出縫針。

7 完成 2 個鎖鏈繡。重複同樣的做法。做一圈鎖鏈繡，藉此隱藏白色與黃綠色之間顏色交錯的痕跡。

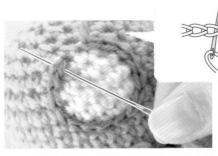

8 製作最後一針時，依照上方圖示用縫針挑起第 1 個鎖鏈繡。

9 依照上方圖示從第 1 個鎖鏈繡處入針，再從稍微有點距離處出針。

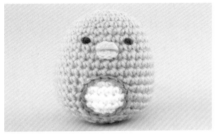

10 打上止縫結，做藏線處理，即完成鎖鏈繡。

安裝手部

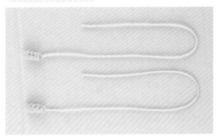

1 以環狀起針，製作 2 片手部織片並在內部填充一點點棉花。在手的根部分別預留 30cm 的線段備用。

※為方便解說，特別選用不同顏色的線材呈現。

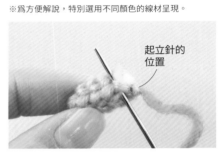

起立針的位置

2 安裝左手。將鉤織結束處的線尾穿入毛線縫針內，如上圖將起立針移到稍微偏右處，從正面入針。

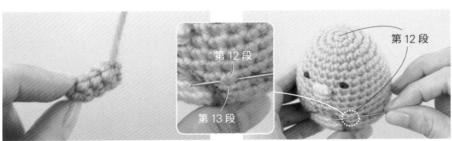

第 12 段
第 13 段
第 12 段

3 拉出線材，讓結束鉤織處變得稍微平整一些。

4 如上圖用縫針挑起身體第 12 段和第 13 段之間後，拉緊線材。

5 依上圖指示入針後拉緊線材。

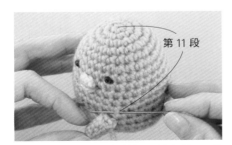

第 11 段

6 用縫針挑起身體第 11 段和第 12 段之間後，拉緊線材。

7 與步驟 5 一樣，用同樣方式入針並拉緊線材。

第 10 段

8 用縫針挑起身體第 10 段和第 11 段之間。

9 與步驟 **5** 一樣，用同樣方式入針並拉緊線材。在距離安裝手部很近的地方入針，再從稍微有點距離處出針，打上止縫結，做藏線處理。

10 左手安裝完成。

11 右手也如上圖一樣，將起立針移到稍微偏右處，從正面入針從另一側出針並拉出線材，做法跟安裝左手相同。

12 雙手安裝完成。

用捲針縫固定雙手前端

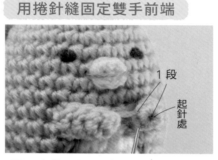

1 段
起針處

1 在第 1 段內側做捲針縫，讓雙手可以更立體一點。

2 雙手前端接縫在一起。從上方看就會看見朝向外側更加立體的雙手。

安裝腳部　※為方便解說，特別選用不同顏色的線材呈現。

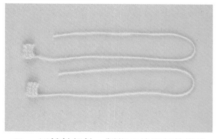

1 以鎖針起針，製作 2 片腳部的織片。雙腳的根部分別預留 30cm 的線段備用。

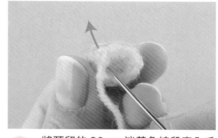

2 將預留的 30cm 淡黃色線段穿入毛線縫針內，依上圖指示將縫針從織片內側向外側正面穿出。

3 依箭頭指示，縫針從相對的另一側入針，用力拉緊毛線，讓織片出現腳趾的凹陷痕跡，再打上止縫結做藏線處理。重新將線材穿入毛線縫針，在旁邊再做一次一樣的步驟。

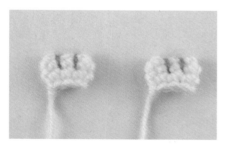

4 另 1 隻腳也以同樣方式完成。

5 將鉤織結束處的線尾穿入毛線縫針內，使用與安裝手部相似的方式，安裝完 2 隻腳。

6 企鵝？完成圖。

P.6 作品 2、3

使用線材　　※均使用 Hamanaka 的線材。

作品 2
Wanpaku denis
黃綠色（53）9g
白色（1）2g
Piccolo
芥末黃（27）4g
灰色（33）3g
黃綠色（9）1g
深褐色（17）1g
淺綠色（24）1g
黃色（42）1g
冰綠色（48）1g
金褐色（21）少量

作品 3
Wanpaku denis
黃綠色（53）9g
白色（1）1g
Piccolo
白色（1）2g
原色（2）1g
黃綠色（9）1g
淺綠色（24）1g
黃色（42）1g
冰綠色（48）1g
深褐色（17）少量
金褐色（21）少量
芥末黃（27）少量

其他材料

通用
手工藝棉花「Hamanaka NeoClean Wata」（H405-401）適量
作品 2
不織布（淡粉紅色）2cm×2cm
Hamanaka 手工藝用編織鋁線
（H204-633 直徑約 2mm）41.5cm

工具

通用
Hamanaka 樂樂雙頭鉤針 4/0 號、5/0 號

完成尺寸

請參考圖示

製作方法

按照織圖鉤織所需的針目，製作出各部位的織片，再依圖示做收尾處理。

段數	針數	加減針
12	8	不加減針
11		
10	8	加 2 針
9	6	不加減針
8		
7	6	每段各減 1 針
6	7	
5	8	
4	9	不加減針
3		
2	9	加 3 針
1	6	環狀起針後鉤 6 針

通用 小黃瓜的織圖
淺綠色　4/0 號鉤針

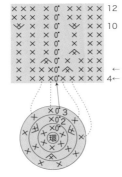

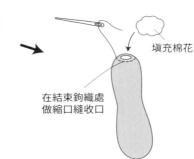

填充棉花

在結束鉤織處做縮口縫收口

作品 2 葉子 A 的織圖
黃綠色（Piccolo）　4/0 號鉤針

起針
鉤 5 針鎖針

段數	針數	加減針
9	30	參照織圖
8		
7		
6		
5	4	不加減針
4		
3		
2		
1	4	從 4 針鎖針中鉤 4 針

作品 2 書本的織圖
冰綠色　4/0 號鉤針

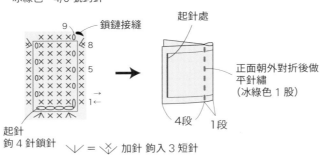

鎖鏈接縫

起針處

起針
鉤 4 針鎖針

正面朝外對折後做平針繡
（冰綠色 1 股）

4 段　1 段

$\vee$ = $\underset{\vee}{\vee}$ 加針 鉤入 3 短針

作品 2 葉子 B 織圖
黃綠色（Piccolo）　4/0 號鉤針

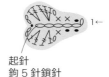

起針
鉤 5 針鎖針

作品 2 外框的織圖
芥末黃　4/0 號鉤針

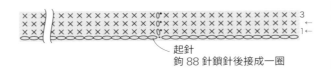

起針
鉤 88 針鎖針後接成一圈

段數	針數	加減針
3	88	不加減針
2		
1	88	從 88 針鎖針中鉤 88 針

※接續下一頁。

作品 2 鋁線 收尾處理

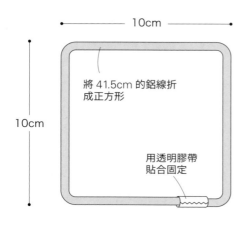

10cm

10cm

將 41.5cm 的鋁線折成正方形

用透明膠帶貼合固定

作品 2 企鵝？ 收尾處理

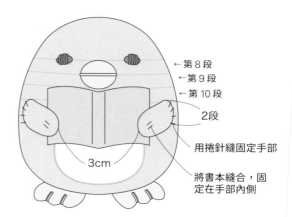

←第 8 段
←第 9 段
←第 10 段

2段

3cm

用捲針縫固定手部

將書本縫合，固定在手部內側

※企鵝？的鉤織做法及其他收尾處理等內容請參閱 P.32~P.34。

作品 2 收尾處理

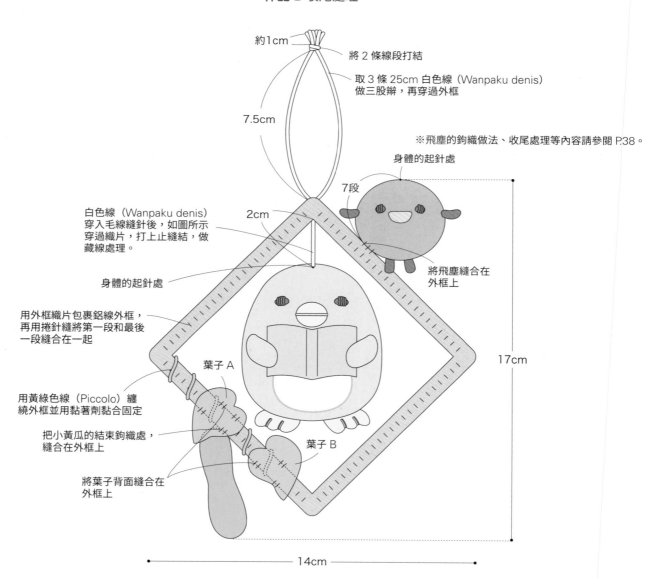

約1cm

將 2 條線段打結

取 3 條 25cm 白色線（Wanpaku denis）做三股辮，再穿過外框

7.5cm

※飛塵的鉤織做法、收尾處理等內容請參閱 P.38。

身體的起針處

7段

白色線（Wanpaku denis）穿入毛線縫針後，如圖所示穿過織片，打上止縫結，做藏線處理。

2cm

身體的起針處

用外框織片包裹鋁線外框，再用捲針縫將第一段和最後一段縫合在一起

葉子 A

用黃綠色線（Piccolo）纏繞外框並用黏著劑黏合固定

把小黃瓜的結束鉤織處，縫合在外框上

葉子 B

將葉子背面縫合在外框上

將飛塵縫合在外框上

17cm

14cm

作品 3 毛線球 A、B 的織圖（各 1 片）
4/0 號鉤針

段數	針數	加減針
8	6	減 6 針
7	12	減 3 針
6		
5	15	不加減針
4		
3	15	加 3 針
2	12	加 6 針
1	6	環狀起針後 鉤 6 針

配色

毛線球 A	毛線球 B
白色 （Piccolo）	冰綠色

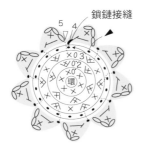

填充棉花

在結束鉤織處
做縮口縫收口

作品 3 盤子的織圖
4/0 號鉤針

▨ = 黃綠色（Piccolo）　▢ = 原色

▶ = 剪線
▷ = 接線

鎖鏈接縫

段數	針數	加減針
5		參照織圖
4	18	不加減針
3	18	每段各加 6 針
2	12	
1	6	環狀起針後 鉤 6 針

※鉤第 5 段時，請以挑起第 3 段半山（2 條）的方式製作。

作品 3 企鵝？ 收尾處理

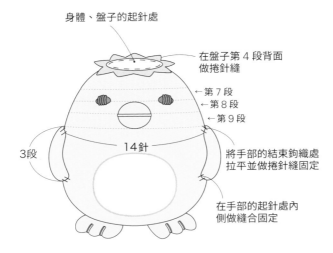

身體、盤子的起針處

在盤子第 4 段背面
做捲針縫

← 第 7 段
← 第 8 段
← 第 9 段

3 段

14 針

將手部的結束鉤織處
拉平並做捲針縫固定

在手部的起針處內
側做縫合固定

※企鵝？的鉤織做法及其他收尾處理等內容請參閱 P.32～P.34。

作品 3 收尾處理

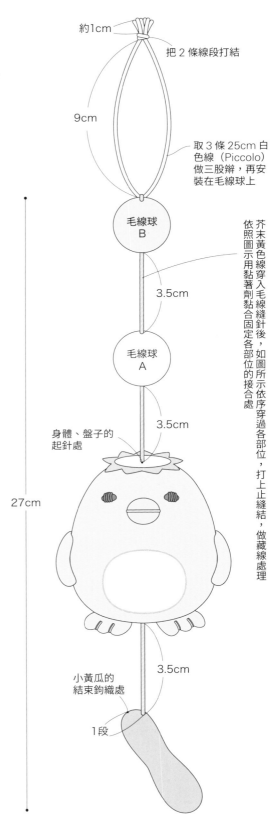

約 1cm

把 2 條線段打結

9cm

取 3 條 25cm 白
色線（Piccolo）
做三股辮，再安
裝在毛線球上

毛線球
B

3.5cm

依照圖示用黏著劑黏合固定各部位的接合處

芥末黃色線穿入毛線縫針後，如圖所示依序穿過各部位，打上止縫結，做藏線處理

毛線球
A

3.5cm

身體、盤子的
起針處

27cm

小黃瓜的
結束鉤織處

3.5cm

1 段

P.4 作品 1

使用線材　※均使用 Hamanaka 的線材。

Wanpaku denis
白色（1）31g
黃色（3）22g

Piccolo
淡粉紅色（40）3g
深粉紅色（5）1g
深褐色（17）1g
天青藍（43）1g
米黃色（45）1g

其他材料

手工藝棉花「Hamanaka NeoClean Wata」
（H405-401）適量
不織布（深褐色）2cm×2cm
不織布（淡粉紅色）2cm×2cm
不織布（白色）2cm×2cm
厚紙板（14cm×14cm）1片

工具

Hamanaka 樂樂雙頭鉤針
4/0 號、5/0 號、7/0 號

完成尺寸

花圈直徑 16 cm

製作方法

按照織圖鉤織所需的針目，製作出各部位的織片，再依圖示做收尾處理。

花圈正面的織圖
Wanpaku denis 2 股
7/0 號鉤針

□＝黃色　□＝白色

★＝起針 鉤 24 針鎖針後接成一圈

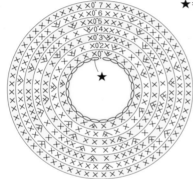

段數	針數	加減針
7	63	不加減針
6	63	
5	56	
4	49	每段各加 7 針
3	42	
2	35	
1	28	從 24 針鎖針中鉤 28 針

花圈背面的織圖
Wanpaku denis 2 股
7/0 號鉤針

□＝黃色　□＝白色

★＝起針 鉤 24 針鎖針後接成一圈

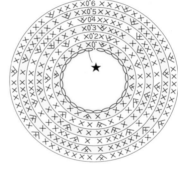

段數	針數	加減針
6	63	
5	56	
4	49	每段各加 7 針
3	42	
2	35	
1	28	從 24 針鎖針中鉤 28 針

※第 3 段和第 9 段的短針做筋編。

段數	針數	加減針
11	5	減 1 針
10	6	每段各減 3 針
9	9	
8		
7		
6	12	不加減針
5		
4		
3		
2	12	加 6 針
1	6	環狀起針後鉤 6 針

鉛筆 A、B 的織圖（各 1 片）
4/0 號鉤針

□＝A 色　□＝B 色

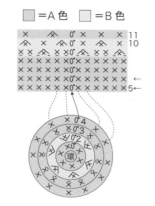

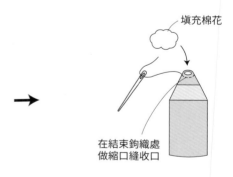

填充棉花

在結束鉤織處做縮口縫收口

配色

	鉛筆 A	鉛筆 B
A 色	深粉紅色	天青藍
B 色	米黃色	米黃色

段數	針數	加減針
6		
5		
4	27	不加減針
3		
2		
1	27	從27針鎖針中鉤27針

緞帶的織圖
白色　5/0 號鉤針

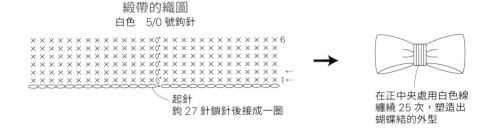

起針
鉤 27 針鎖針後接成一圈

在正中央處用白色線
纏繞 25 次，塑造出
蝴蝶結的外型

厚紙板的尺寸

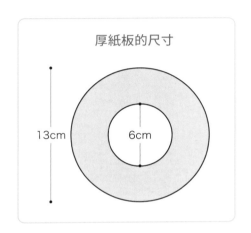

13cm

6cm

花圈 收尾處理

將花圈正面與背面的織片背對背疊在
一起，中間塞入厚紙板後做捲針縫

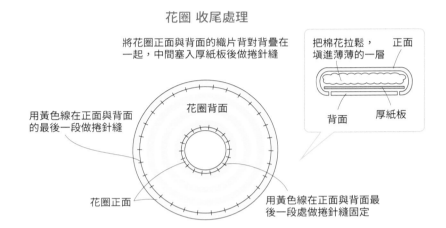

把棉花拉鬆，
填進薄薄的一層

正面

背面

厚紙板

用黃色線在正面與背面
的最後一段做捲針縫

花圈背面

花圈正面

用黃色線在正面與背面最
後一段處做捲針縫固定

收尾處理

※依個人喜好設定各部位的配件位置，並調整至掛飾平衡。

約1cm

將 2 條線段打結

7.5cm

取 3 條 25cm 白色線
做三股辮，再穿過花
圈背面的第 6 段

3針

縫合在花圈上時，盡
量不要讓縫線太明顯

鉛筆 A

鉛筆 B

將起立針那一面轉到背面後，縫合在
花圈上時，盡量不要讓縫線太明顯

※裹布的鉤織做法、收尾處理等內容
請參閱 P.37。

將裹布背面縫合固定在花圈上，
盡量不要讓縫線太明顯

※白熊的鉤織做法、收尾處理等內容
請參閱 P.32~P.33。

將白熊背面縫合固定在花圈上，
盡量不要讓縫線太明顯

P.8 作品 4

使用線材 ※均使用 Hamanaka 的線材。

Wanpaku denis
黃綠色（53）13g
白色（1）11g
金褐色（61）11g

Piccolo
深褐色（17）3g
朱紅色（26）3g
黃色（42）3g
淺綠色（24）1g

其他材料

手工藝棉花「Hamanaka NeoClean Wata」
（H405-401）適量
不織布（淡粉紅色）2cm×2cm

工具

Hamanaka 樂樂雙頭鉤針
4/0 號、5/0 號、7/0 號

完成尺寸

寬度 15cm 高度 8cm

製作方法

按照織圖鉤織所需的針目，製作出各部位的織片，再依圖示做收尾處理。

番茄果實的織圖
朱紅色　4/0 號鉤針

段數	針數	加減針
8	6	減6針
7	12	減3針
6	15	不加減針
5	15	
4		
3	15	加3針
2	12	加6針
1	6	環狀起針後鉤6針

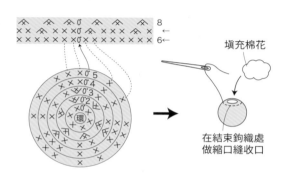

填充棉花

在結束鉤織處做縮口縫收口

番茄蒂頭的織圖
淺綠色　4/0 號鉤針

番茄 收尾處理

番茄果實的結束鉤織處

在番茄蒂頭背面做縫合固定，盡量不要讓縫線太明顯

蓋子的織圖
朱紅色　4/0 號鉤針

鎖鏈接縫

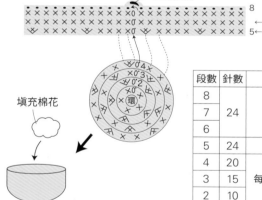

填充棉花

段數	針數	加減針
8	24	不加減針
7		
6		
5	24	加4針
4	20	
3	15	每段各加5針
2	10	
1	5	環狀起針後鉤5針

醬料瓶的織圖
深褐色　4/0 號鉤針

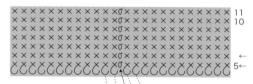

填充棉花

※第 5 段做裡引短針。

段數	針數	加減針
11	24	不加減針
10		
9		
8		
7		
6		
5		
4	24	每段各加6針
3	18	
2	12	
1	6	環狀起針後鉤6針

瓶蓋開口的織圖
朱紅色　4/0 號鉤針

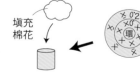

填充棉花

※第 2 段的短針做筋編。

段數	針數	加減針
2	6	不加減針
1	6	環狀起針後鉤6針

盤子的織圖
2 股　7/0 號鉤針

□ =黃綠色　□ =白色

鎖鏈接縫

※第 7 段的短針做筋編。

段數	針數	加減針
10	63	不加減針
9	63	
8	56	
7	49	
6	42	每段各加7針
5	35	
4	28	
3	21	
2	14	
1	7	環狀起針後 鉤7針

生菜的織圖
黃綠色 2 股　7/0 號鉤針

▷ = 接線

鎖鏈接縫

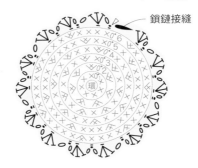

※以挑起盤子第 6 段剩下的那 1 條半山的方式製作。

炸豬排 收尾處理

※炸豬排的鉤織做法及其他收尾處理等內容請參閱 P.32~P.34。

（底部）

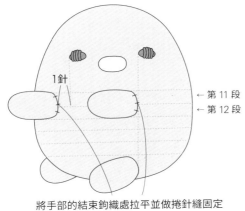

1針

← 第 11 段
← 第 12 段

將手部的結束鉤織處拉平並做捲針縫固定

1cm

2段

用捲針縫固定腳部
的最後一段

身體的結束鉤織處

收尾處理

※將所有配件平均擺飾在盤子上後做縫合固定，
　盡量不要讓縫線太明顯。

※炸蝦尾的鉤織做法、收尾處理等內容
　請參閱 P.38~P.39。

將炸豬排與炸蝦尾
縫合在一起

將醬料瓶縫合在手部
前端內側

醬料瓶 收尾處理

蓋子的起針處

捲針縫

瓶蓋開口的
起針處

← 第 6 段

蓋子第 7 段與醬料瓶最後一段
做捲針縫固定

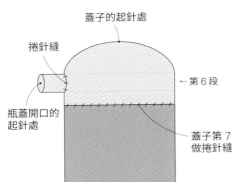

P.10 作品 5

使用線材　※均使用 Hamanaka 的線材。

Wanpaku denis
黃綠色（53）12g
原色（2）10g
黃色（3）2g
金褐色（61）1g
白色（1）少量
Piccolo
黃綠色（9）2g
白色（1）1g
深粉紅色（5）1g
深褐色（17）1g
黃色（42）1g
Tino
土色（13）少量

其他材料

手工藝棉花「Hamanaka NeoClean Wata」
（H405-401）適量
不織布（褐色）2cm×2cm

工具

Hamanaka 樂樂雙頭鉤針
4/0 號、5/0 號、7/0 號

完成尺寸

寬度 11cm 高度 7.5cm

製作方法

按照織圖鉤織所需的針目，製作出各部位的織片，再依圖示做收尾處理。

段數	針數	加減針
6	參照織圖	
5	35	每段各加 7 針
4	28	
3	21	
2	14	
1	7	環狀起針後鉤 7 針

草地的織圖
黃綠色（Wanpaku denis）2 股
7/0 號鉤針

鎖鏈接縫

小花 A 的織圖
4/0 號鉤針

☐ ＝黃色　■ ＝深粉紅色

小花 B 的織圖
4/0 號鉤針

☐ ＝黃色　☐ ＝白色

收尾處理
※將所有配件平均擺飾在草地上後做縫合固定，盡量不要讓縫線太明顯。

※雜草的鉤織做法、收尾處理等內容請參閱 P.39。

※貓的鉤織做法、收尾處理等內容請參閱 P.32、P.33、P.35。

小花 B

小花 A

P.16 作品 8

使用線材　※均使用 Hamanaka 的線材。

Wanpaku denis
白色（1）7g
原色（2）6g
水藍色（47）6g
黃綠色（53）5g
金褐色（61）5g
黃色（3）少量

Piccolo
黃綠色（9）2g
水藍色（12）2g
深褐色（17）2g
淡粉紅色（40）2g
冰綠色（48）2g
深粉紅色（5）1g
淺藍色（23）1g
黃色（42）1g

Tino
土色（13）少量

其他材料

手工藝棉花「Hamanaka NeoClean Wata」
（H405-401）適量
不織布（白色）5cmx5cm
不織布（深褐色）2cmx2cm
不織布（淡粉紅色）2cmx2cm
不織布（褐色）2cmx2cmm
不織布（黃色）2cmx2cm
25 號刺繡線（褐色）適量

工具

Hamanaka 樂樂雙頭鉤針
4/0 號、5/0 號

完成尺寸

直徑 16.5cm

製作方法

按照織圖鉤織所需的針目，製作出各部位的織片，再依圖示做收尾處理。

段數	針數	加減針
11	6	每段各減6針
10	12	
9	18	
8	24	不加減針
7		
6		
5		
4	24	每段各加6針
3	18	
2	12	
1	6	環狀起針後鉤6針

圓滾滾角落小小夥伴的織圖（5 顆）
Piccolo（配色請參照下表）
4/0 號鉤針

● = 黏貼不織布的位置（裏布）

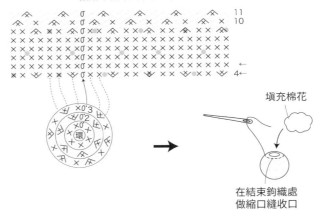

填充棉花

在結束鉤織處做縮口縫收口

圓滾滾角落小小夥伴的配色

段數	裏布	小黃瓜	偽蝸牛	雜草	炸蝦尾
11	淡粉紅色	冰綠色	水藍色	黃綠色	黃色
10					
9			淡藍色		
8			水藍色		
7					
6			淡藍色		深粉紅色
5			水藍色		
4					
3			淡藍色		
2			水藍色		
1					

裏布 收尾處理

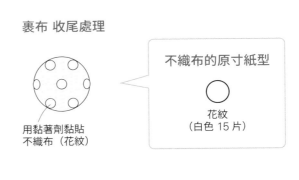

用黏著劑黏貼不織布（花紋）

不織布的原寸紙型

○

花紋
（白色 15 片）

※接續下一頁。

段數	針數	加減針
13	6	每段各減6針
12	12	每段各減6針
11	18	
10	24	減4針
9	28	不加減針
8		
7		
6		
5	28	加4針
4	24	每段各加6針
3	18	
2	12	
1	6	環狀起針後鉤6針

圓滾滾角落小夥伴的織圖（5顆）
Wanpaku denis（配色請參照右表）
5/0 號鉤針

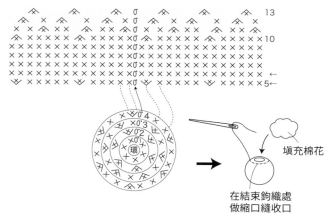

填充棉花

在結束鉤織處做縮口縫收口

圓滾滾角落小夥伴的配色

白熊	白色
企鵝？	黃綠色
蜥蜴	水藍色
貓	原色
炸豬排	金褐色

白熊 耳朵的織圖（2片）
白色　5/0 號鉤針

↑
1

貓 左耳的織圖
原色（Wanpaku denis）
5/0 號鉤針

↑
1

貓 右耳的織圖
黃色（Wanpaku denis）
5/0 號鉤針

↑
1

白熊 收尾處理

起針處
用捲針縫固定耳朵
3段
用黏著劑黏貼不織布（內耳）
9針
2段
11針
1.5cm
←第6段
←第7段

用黏著劑將不織布（鼻子）黏貼在兩眼之間的正下方

※角落小夥伴的眼睛做法都一樣。
法國結粒繡 繞1圈
（深褐色2股）

不織布的原寸紙型

內耳
（淡粉紅色2片）

鼻子
（深褐色1片）

企鵝？ 收尾處理

起針處
用黏著劑將不織布（嘴巴）黏貼在兩眼之間的正下方
←第6段
←第7段

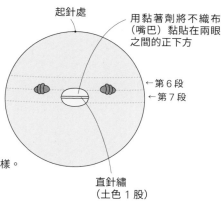

直針繡
（土色1股）

不織布的原寸紙型

嘴巴
（黃色1片）

貓 收尾處理

起針處
用捲針縫固定耳朵
3段
9針
2段
11針
←第6段
←第7段
←第8段

直針繡
（刺繡線2股）

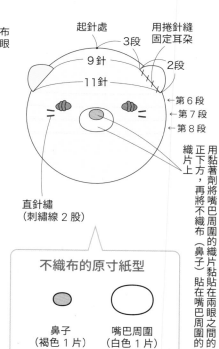

用黏著劑將嘴巴周圍的織片黏貼在兩眼之間的正下方，再將不織布（鼻子）貼在嘴巴周圍的織片上

不織布的原寸紙型

鼻子
（褐色1片）

嘴巴周圍
（白色1片）

炸豬排 收尾處理

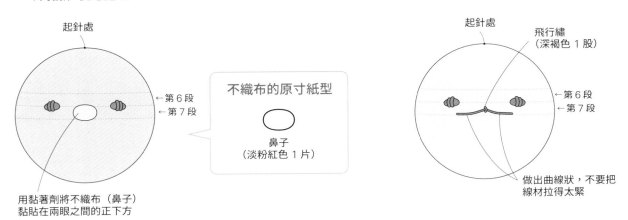

起針處

←第 6 段
←第 7 段

用黏著劑將不織布（鼻子）
黏貼在兩眼之間的正下方

不織布的原寸紙型

鼻子
（淡粉紅色 1 片）

蜥蜴 收尾處理

起針處

飛行繡
（深褐色 1 股）

←第 6 段
←第 7 段

做出曲線狀，不要把
線材拉得太緊

收尾處理

※請依照①至③順序製作。

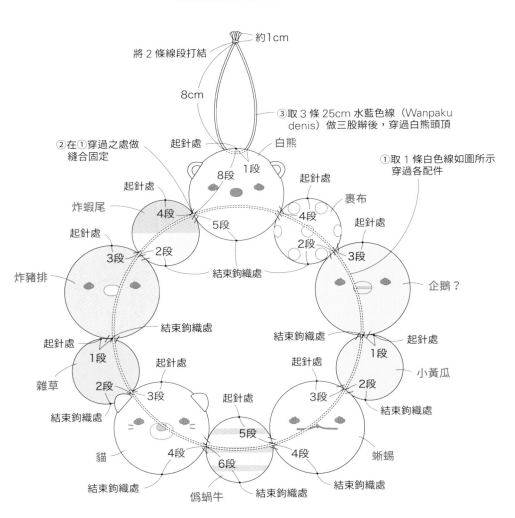

將 2 條線段打結

約1cm

8cm

③取 3 條 25cm 水藍色線（Wanpaku
denis）做三股辮後，穿過白熊頭頂

起針處

白熊

②在①穿過之處做
縫合固定

①取 1 條白色線如圖所示
穿過各配件

起針處

8段

1段

起針處

起針處

炸蝦尾

4段

5段

裏布

4段

炸豬排

起針處

3段

2段

2段

起針處

3段

企鵝？

結束鉤織處

結束鉤織處

起針處

起針處

1段

結束鉤織處

起針處

1段

2段

小黃瓜

雜草

2段

3段

起針處

3段

結束鉤織處

結束鉤織處

貓

4段

5段

4段

蜥蜴

6段

結束鉤織處

偽蝸牛

結束鉤織處

結束鉤織處

P.12 作品6

使用線材 ※均使用 Hamanaka 的線材。

Wanpaku denis
水藍色（47）10g
白色（1）1g
Piccolo
水藍色（12）4g
藍色（13）4g
白色（1）2g
原色（2）2g
天青藍（43）2g
深褐色（17）1g
淺藍色（23）1g

其他材料

手工藝棉花「Hamanaka NeoClean Wata」
（H405-401）適量
不織布（白色）3cmx3cm
手工藝用竹條（直徑4mm）33cm

工具

Hamanaka 樂樂雙頭鉤針
5/0 號、4/0 號

完成尺寸

請參考圖示

製作方法

1 按照織圖鉤織所需的針目，製作出各部位的
　織片，再依圖示做收尾處理。
2 製作吊掛桿，並將各配件安裝在吊掛桿上。

魚的織圖
4/0 號鉤針

☐ ＝水藍色（Piccolo）　▨ ＝天青藍
── ＝做縫合的位置

段數	針數	加減針
14	10	加2針
13	8	加4針
12	4	減2針
11	6	減3針
10	9	不加減針
9	9	減3針
8	12	不加減針
7		
6		
5		
4	12	加2針
3	10	加3針
2	7	加2針
1	5	環狀起針後鉤5針

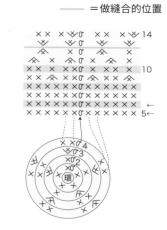

毛線球A、B的織圖（各2片）
4/0 號鉤針

︿ ＝ ⋏ 減針 2針短針併為1針

段數	針數	加減針
8	6	減6針
7	12	減3針
6		
5	15	不加減針
4		
3	15	加3針
2	12	加6針
1	6	環狀起針後鉤6針

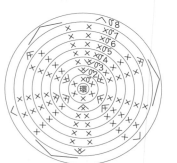

配色

毛線球A	毛線球B
白色（Piccolo）	天青藍

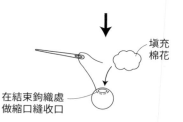

填充棉花

在結束鉤織處做縮口縫收口

吊掛桿A的織圖
藍色　4/0 號鉤針

段數	針數	加減針
4		
3	44	不加減針
2		
1	44	從44針鎖針中鉤44針

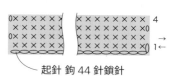

起針 鉤44針鎖針

吊掛桿B的織圖
藍色　4/0 號鉤針

段數	針數	加減針
4		
3	29	不加減針
2		
1	29	從29針鎖針中鉤29針

起針 鉤29針鎖針

吊掛桿 收尾處理

①依標示裁切出所需的竹條長度

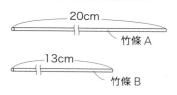

20cm
竹條A
13cm
竹條B

※先用刀片等工具劃出一個切口
　會比較容易切斷。

②用吊掛桿織片包裹竹條後做捲針縫

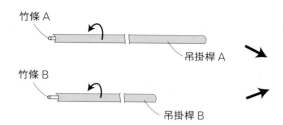

竹條A
吊掛桿A
竹條B
吊掛桿B

（背面）

翻到背面，用捲針縫將起針處
與第4段縫合在一起

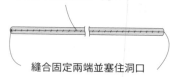

縫合固定兩端並塞住洞口

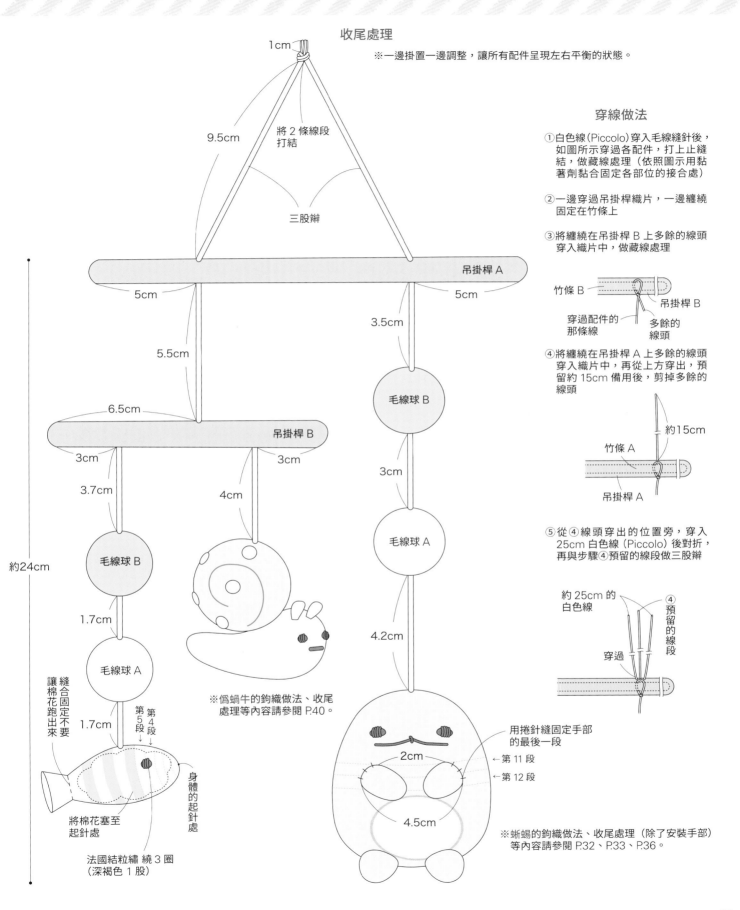

收尾處理

※一邊掛置一邊調整,讓所有配件呈現左右平衡的狀態。

1cm

將2條線段
打結

9.5cm

三股辮

吊掛桿 A

5cm

5cm

3.5cm

5.5cm

毛線球 B

6.5cm

吊掛桿 B

3cm

3cm

3.7cm

4cm

毛線球 A

毛線球 B

3cm

約24cm

1.7cm

毛線球 A

4.2cm

縫合固定不要
讓棉花跑出來

1.7cm

第5段 第4段

身體的起針處

※偽蝸牛的鉤織做法、收尾
處理等內容請參閱 P.40。

2cm

用捲針縫固定手部
的最後一段

←第 11 段

←第 12 段

4.5cm

將棉花塞至
起針處

法國結粒繡 繞 3 圈
(深褐色 1 股)

※蜥蜴的鉤織做法、收尾處理(除了安裝手部)
等內容請參閱 P.32、P.33、P.36。

穿線做法

①白色線(Piccolo)穿入毛線縫針後,
如圖所示穿過各配件,打上止縫
結,做藏線處理(依照圖示用黏
著劑黏合固定各部位的接合處)

②一邊穿過吊掛桿織片,一邊纏繞
固定在竹條上

③將纏繞在吊掛桿 B 上多餘的線頭
穿入織片中,做藏線處理

竹條 B

吊掛桿 B

穿過配件的
那條線

多餘的
線頭

④將纏繞在吊掛桿 A 上多餘的線頭
穿入織片中,再從上方穿出,預
留約 15cm 備用後,剪掉多餘的
線頭

約15cm

竹條 A

吊掛桿 A

⑤從④線頭穿出的位置旁,穿入
25cm 白色線(Piccolo)後對折,
再與步驟④預留的線段做三股辮

約 25cm 的
白色線

④預留的線段

穿過

63

P.14 作品 7

使用線材 ※均使用 Hamanaka Piccolo。

白色（1）6g
深褐色（17）4g
水藍色（12）3g
淡粉紅色（40）3g
乳黃色（41）3g
黃色（42）2g
原色（2）1g
金褐色（21）1g
深駝色（38）1g

其他材料

手工藝棉花「Hamanaka NeoClean Wata」
（H405-401）適量
Hamanaka 手工藝用編織鋁線
（H204-633 直徑約 2mm）48cm
手工藝用木珠（直徑 8mm）4 顆
不織布（土耳其藍）6cmx8cm
不織布（黃綠色）6cmx8cm
不織布（黃色）6cmx8cm
不織布（紅色）4cmx2cm
不織布（金褐色）2cmx2cm
不織布（深褐色）2cmx2cm

工具

Hamanaka 樂樂雙頭鉤針 4/0 號

完成尺寸

請參考圖示

製作方法

1 按照織圖鉤織所需的針目，製作出各部位的織片。
2 製作吊掛桿，並將各配件安裝在吊掛桿上。

毛線球 A、B 的織圖（各 2 片）
4/0 號鉤針

段數	針數	加減針
8	6	減6針
7	12	減3針
6	15	不加減針
5	15	不加減針
4	15	不加減針
3	15	加3針
2	12	加6針
1	6	環狀起針後鉤6針

配色

毛線球 A	毛線球 B
白色	黃色

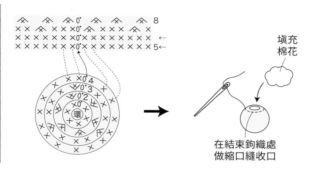

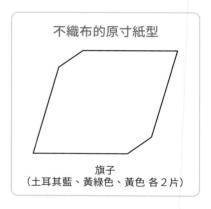

填充棉花

在結束鉤織處做縮口縫收口

不織布的原寸紙型

旗子
（土耳其藍、黃綠色、黃色 各 2 片）

吊掛桿 收尾處理

※請依照①至④順序製作。

①對折 48cm 的鋁線，如圖所示貼上雙面膠再貼上旗子

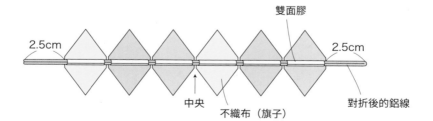

雙面膠

2.5cm

2.5cm

中央

不織布（旗子）

對折後的鋁線

②取出 4 條 40cm 白色線，當成是 A~D 的 4 款線段。用毛線縫針輔助穿入各款線段所需的配件與木珠（請參閱 P.65 收尾處理）後打結，做藏線處理（依照圖示用黏著劑黏合固定各部位的接合處）

③如圖所示將 A 至 D 線段綁在吊掛桿上

打結固定

D 線段   C 線段   B 線段   A 線段

④處理線頭，做出旗子

先各別將 A、D 線段的線頭剪短一點，再折入旗子內側黏合固定

B、C 線段的線頭，預留約 12.5cm 後剪斷

在旗子背面貼上雙面膠

收尾處理

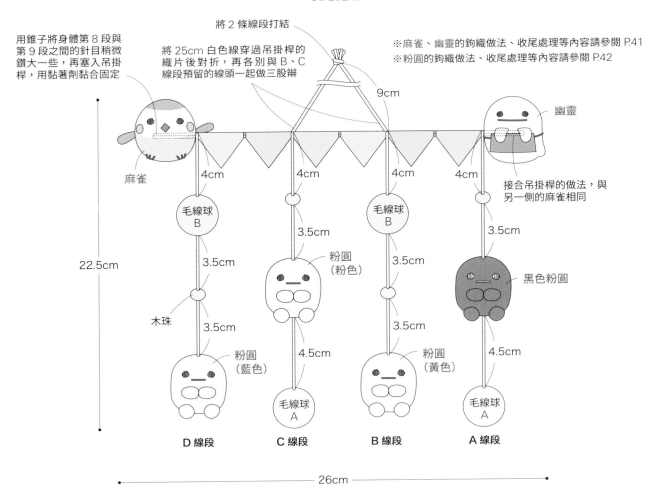

用錐子將身體第 8 段與第 9 段之間的針目稍微鑽大一些，再塞入吊掛桿，用黏著劑黏合固定

將 25cm 白色線穿過吊掛桿的織片後對折，再各別與 B、C 線段預留的線頭一起做三股辮

將 2 條線段打結

9cm

※麻雀、幽靈的鉤織做法、收尾處理等內容請參閱 P.41
※粉圓的鉤織做法、收尾處理等內容請參閱 P.42

麻雀

幽靈

接合吊掛桿的做法，與另一側的麻雀相同

22.5cm

4cm   4cm   4cm   4cm

毛線球 B

3.5cm

粉圓（粉色）

毛線球 B

3.5cm

3.5cm

黑色粉圓

木珠

3.5cm

3.5cm

4.5cm

粉圓（藍色）

毛線球 A

粉圓（黃色）

毛線球 A

4.5cm

D 線段   C 線段   B 線段   A 線段

26cm

P.17 作品 9

使用線材 ※均使用 Hamanaka 的線材。

Wanpaku denis
淺藍色（8）73g
白色（1）18g
金褐色（61）13g
原色（2）11g
水藍色（47）11g
黃綠色（53）10g
黃色（3）2g

Piccolo
黃色（42）4g
水藍色（12）3g
深褐色（17）3g
灰色（33）3g
淡粉紅色（40）3g
乳黃色（41）3g
原色（2）2g
黃綠色（9）2g
金褐色（21）1g
淺藍色（23）1g
朱紅色（26）1g
深駝色（38）1g

Tino
土色（13）少量

其他材料
手工藝棉花「Hamanaka NeoClean Wata」
（H405-401）適量
厚紙板（21cm×29cm）1 片
不織布（淡粉紅色）6cm×2cm
不織布（深褐色）4cm×2cm
不織布（金褐色）2cm×2cm
不織布（白色）3cm×3cm
不織布（褐色）2cm×2cm

工具
Hamanaka 樂樂雙頭鉤針
4/0 號、5/0 號、7/0 號

完成尺寸
請參考圖示

製作方法
1 按照織圖鉤織所需的針目，製作出各部位的
　織片，再依圖示做收尾處理。
2 將各配件安裝在外框上。

厚紙板的尺寸
請依下圖標示尺寸裁切
21cm　14cm　22cm　3.5cm　29cm
稍微修剪 4 個邊角

※角落小夥伴（白熊、企鵝？、蜥蜴、炸豬排、貓）的
　鉤織做法及其他收尾處理等內容請參閱 P.32~P.36
※角落小小夥伴（裏布、炸蝦尾、雜草、飛塵、麻雀、
　偽蝸牛、黃色粉圓）的鉤織做法及其他收尾處理等內
　容請參閱 P.37~P.42

白熊 收尾處理

身體的起針處
10段
2段
將手部的結束鉤織處拉平並做捲針縫固定
4cm

企鵝？、蜥蜴 收尾處理

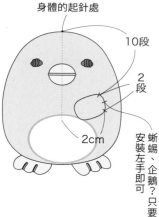

身體的起針處
10段
2段
2cm
蜥蜴、企鵝？只要安裝左手即可

炸豬排、貓 收尾處理

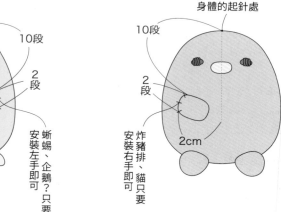

身體的起針處
10段
2段
2cm
炸豬排、貓只要安裝右手即可

粉圓（黃色）收尾處理

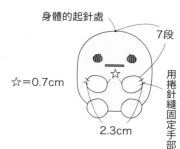

身體的起針處
7段
☆＝0.7cm
用捲針縫固定手部
2.3cm

偽蝸牛 收尾處理

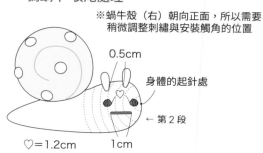

※蝸牛殼（右）朝向正面，所以需要
　稍微調整刺繡與安裝觸角的位置
0.5cm
身體的起針處
← 第 2 段
♡＝1.2cm
1cm

外框 A、B 的織圖（各 1 片）
淺藍色（Wanpaku denis）2 股　7/0 號鉤針　━ ＝做刺繡的位置（僅 A 需要）

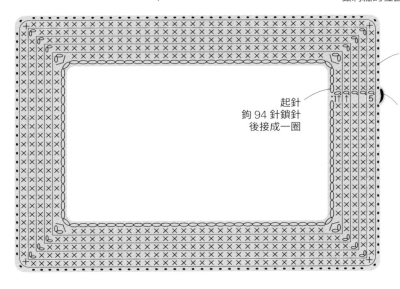

引拔針接縫
（將 2 片外框 A、B 背對背疊在一起，
再將 2 片鉤合在一起）

鎖鏈接縫

起針
鉤 94 針鎖針
後接成一圈

段數	針數	加減針
5	134	加 4 針
4	130	
3	122	每段各加 8 針
2	114	
1	106	從 94 針鎖針中鉤 106 針

外框 收尾處理

外框 A（正面）

在外框 A 上
做平針繡（白色 2 股）

外框 B（背面）↓

用捲針縫縫合 2 片外框的起針處
（淡藍色 Wanpaku denis 2 股）

外框 A（正面）

將外框 A、B 背對背疊在一起，中
間塞入厚紙板，以 A 片為正面做
引拔針接縫，最後以鎖鏈接縫收
尾（淺藍色 Wanpaku denis 2 股
7/0 號鉤針）

收尾處理
※一邊掛置一邊調整，讓所有配件呈現左右平衡的狀態，
　盡量不要讓縫線太明顯。

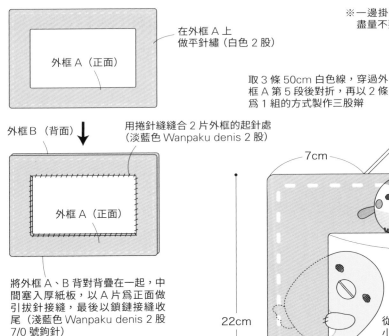

約 1cm

17cm

將 2 條線段打結

取 3 條 50cm 白色線，穿過外
框 A 第 5 段後對折，再以 2 條
為 1 組的方式製作三股辮

7cm

7cm

13cm

2cm

先用原色線
（Piccolo）穿
入，再用黏著
劑黏合固定

從背面或側邊等處將角落
小夥伴縫合在一起

22cm

縫合時盡量不要讓縫線太明顯

30cm

P.18 作品 10

使用線材　※均使用 Hamanaka 的線材。

Wanpaku denis
綠色（33）17g
紅色（10）16g
黃綠色（53）9g
白色（1）9g
Piccolo
淡粉紅色（40）3g
乳黃色（41）3g
黑色（20）2g
深褐色（17）1g
黃色（42）1g
金褐色（21）少量

其他材料

手工藝棉花「Hamanaka NeoClean Wata」
（H405-401）適量
厚紙板（25cmx15cm）1 片

工具

Hamanaka 樂樂雙頭鉤針
4/0 號、5/0 號、7/0 號

完成尺寸

請參考圖示

製作方法

1 按照織圖鉤織所需的針目，製作出各部位的
　織片，再依圖示做收尾處理。
2 將各配件組合在一起做成掛飾。

西瓜帽的織圖
綠色　5/0 號鉤針

蒂頭的織圖
綠色　5/0 號鉤針

段數	針數	加減針
8		不加減針
7	30	
6		
5	30	每段各加6針
4	24	
3	18	
2	12	
1	6	環狀起針後鉤6針

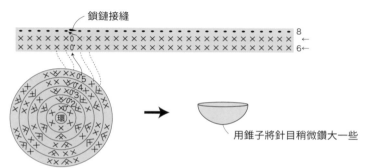

鎖鏈接縫

用錐子將針目稍微鑽大一些

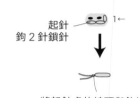

起針 鉤 2 針鎖針

將起針處的線頭與鉤織結束處的線尾一起打結

大、小西瓜的織圖（各 1 片）
大西瓜 2 股　7/0 號鉤針
小西瓜 1 股　5/0 號鉤針

大、小西瓜皮的織圖（各 1 片）
大西瓜皮 綠色 2 股　7/0 號鉤針
小西瓜皮 綠色 1 股　5/0 號鉤針

☐ ＝紅色　　☐ ＝白色　　▨ ＝綠色

⚲ ＝做刺繡的位置

∨ ＝ ✕ 加針 鉤入 2 短針

∧ ＝ ✕ 減針 2 針短針併為 1 針

段數	針數	加減針
10	60	
9	54	
8	48	
7	42	每段各加6針
6	36	
5	30	
4	24	
3	18	
2	12	
1	6	環狀起針後鉤6針

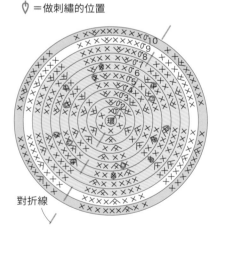

對折線

起針 鉤 1 針鎖針

段數	針數	加減針
28	1	減1針
27	2	不加減針
26	2	減1針
25	3	不加減針
24	3	減1針
23		
22	4	不加減針
21		
20	4	減1針
19		
～	5	不加減針
11		
10	5	加1針
9		
8	4	不加減針
7		
6	4	加1針
5	3	不加減針
4	3	加1針
3	2	不加減針
2	2	加1針
1	1	從1針鎖針中鉤1針

西瓜帽 收尾處理

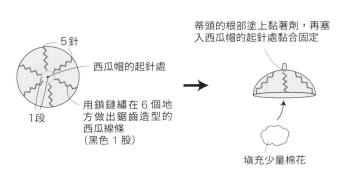

5針
西瓜帽的起針處
1段
用鎖鏈繡在6個地方做出鋸齒造型的西瓜線條
（黑色1股）

蒂頭的根部塗上黏著劑，再塞入西瓜帽的起針處黏合固定

填充少量棉花

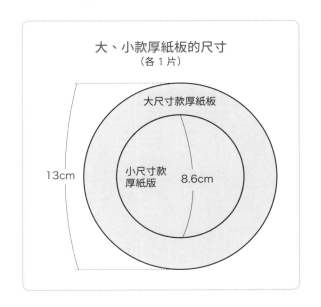

大、小款厚紙板的尺寸
（各1片）

大尺寸款厚紙板

13cm

小尺寸款厚紙版

8.6cm

西瓜 收尾處理　　※大、小西瓜的收尾處理做法相同。

①做刺繡

在14個地方做雛菊繡
（大西瓜 黑色2股
小西瓜 黑色1股）

②用黏著劑將厚紙板黏貼在西瓜上

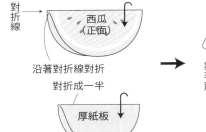

對折線

西瓜（正面）

沿著對折線對折
對折成一半

厚紙板

黏著劑

③用捲針縫西瓜皮

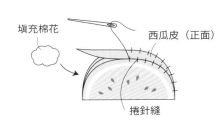

用黏著劑貼合

西瓜（正面）

厚紙板

填充棉花

西瓜皮（正面）

捲針縫

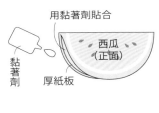

企鵝？收尾處理

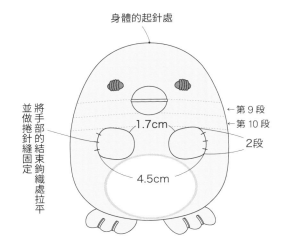

身體的起針處

並做捲針縫固定
將手部的結束鉤織處拉平

←第9段
←第10段

1.7cm

2段

4.5cm

※企鵝？的鉤織做法、收尾處理（除了安裝手部）等內容請參閱 P.32~P.34。

粉圓收尾處理

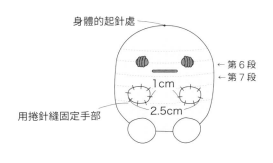

身體的起針處

←第6段
←第7段

1cm

2.5cm

用捲針縫固定手部

※接續下一頁。

※粉圓的鉤織做法、收尾處理（除了安裝手部）等內容請參閱 P.42。

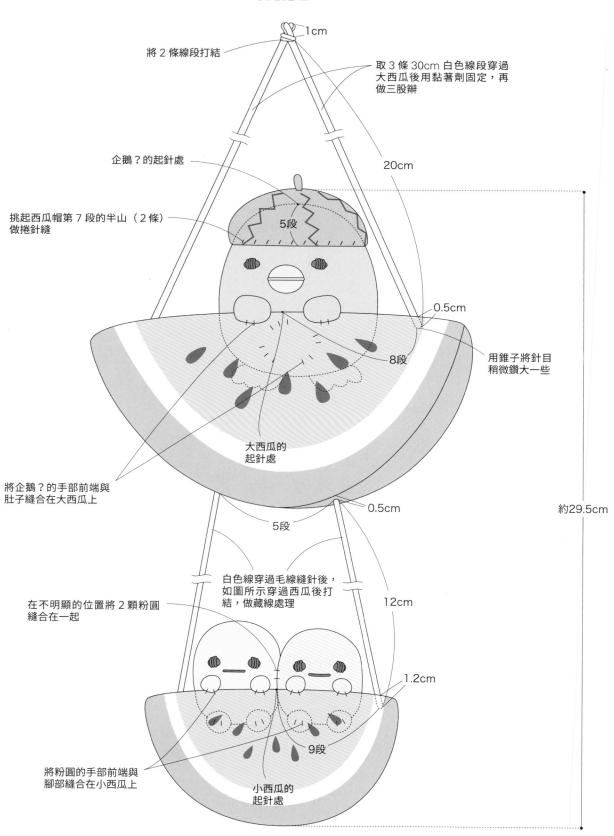

將 2 條線段打結

1cm

取 3 條 30cm 白色線段穿過
大西瓜後用黏著劑固定,再
做三股辮

20cm

企鵝?的起針處

挑起西瓜帽第 7 段的半山(2 條)
做捲針縫

5段

0.5cm

8段

用錐子將針目
稍微鑽大一些

大西瓜的
起針處

將企鵝?的手部前端與
肚子縫合在大西瓜上

0.5cm

5段

約29.5cm

白色線穿過毛線縫針後,
如圖所示穿過西瓜後打
結,做藏線處理

在不明顯的位置將 2 顆粉圓
縫合在一起

12cm

1.2cm

9段

將粉圓的手部前端與
腳部縫合在小西瓜上

小西瓜的
起針處

P.19 作品 11 ～ 14

使用線材 ※均使用 Hamanaka 的線材。

作品 11	作品 13	作品 14
Wanpaku denis	Wanpaku denis	Wanpaku denis
白色（1）9g	金褐色（61）7g	黃綠色（53）7g
芥末黃（28）1g	白色（1）2g	白色（1）2g
淺藍色（8）少量	芥末黃（28）1g	芥末黃（28）1g
Piccolo	淺藍色（8）少量	淺藍色（8）少量
深褐色（17）少量	Piccolo	Piccolo
作品 12	黃色（42）2g	黃色（42）1g
Wanpaku denis	朱紅色（26）1g	深褐色（17）少量
白色（1）3g	深褐色（17）少量	金褐色（21）少量
芥末黃（28）1g		
淺藍色（8）少量		
Piccolo		
水藍色（12）2g		
淡粉紅色（40）2g		
乳黃色（41）2g		
深褐色（17）1g		

其他材料

通用
手工藝棉花「Hamanaka NeoClean Wata」（H405-401）適量
五金吊飾（金色）各 1 個

作品 11
不織布（深褐色）2cm×2cm
不織布（淡粉紅色）2cm×2cm

作品 13
不織布（淡粉紅色）2cm×2cm

工具

通用
Hamanaka 樂樂雙頭鉤針 5/0 號、4/0 號

完成尺寸
請參考圖示

製作方法
1 按照織圖鉤織所需的針目，製作出各部位的織片，再依圖示做
　收尾處理。
2 安裝五金吊飾。

通用 甜筒餅乾的織圖
5/0 號鉤針

☐＝白色　　☐＝芥末黃　　＝纏繞線段的位置

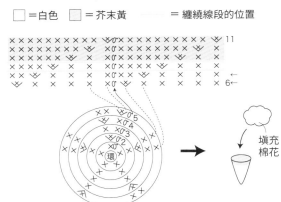

段數	針數	加減針
11	24	
10	22	
9	20	
8	18	
7	16	每段各加2針
6	14	
5	12	
4	10	
3	8	
2	6	加1針
1	5	環狀起針後鉤5針

填充棉花

作品 12 甜筒餅乾內側的織圖
白色　5/0 號鉤針

段數	針數	加減針
3	24	每段各加8針
2	16	
1	8	環狀起針後鉤8針

作品 12 粉圓冰淇淋
作品 13 炸蝦尾冰淇淋的織圖
（作品 12 淡粉紅色、水藍色、乳黃色 各 1 片
作品 13 黃色 1 片）4/0 號鉤針

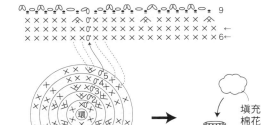

段數	針數	加減針
9	參照織圖	
8	18	減3針
7	21	不加減針
6		
5	21	加3針
4	18	不加減針
3	18	每段各加6針
2	12	
1	6	環狀起針後鉤6針

填充棉花

※鉤第 9 段時，請以挑起第 8 段靠近自己這側
下半山（1 條）的方式製作。

作品 12 粉圓冰淇淋內側的織圖
（淡粉紅色、水藍色、乳黃色 各 1 片）
4/0 號鉤針

段數	針數	加減針
3	18	每段各加6針
2	12	
1	6	環狀起針後鉤6針

※接續下一頁。

段數	針數	加減針
14	參照織圖	
13	24	減6針
12	30	減3針
11	33	不加減針
10		
9	33	加3針
8	30	不加減針
7		
6	30	加6針
5	24	不加減
4	24	每段各加6針
3	18	
2	12	
1	6	環狀起針後鉤6針

作品 11、13、14 角落小夥伴冰淇淋的織圖
作品 11 白色、作品 13 金褐色、作品 14 黃綠色
5/0 號鉤針

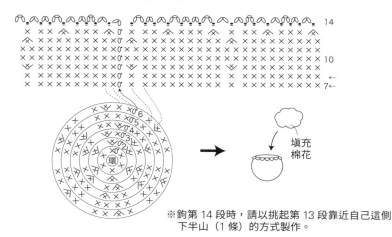

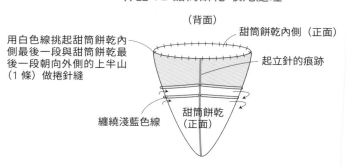

填充棉花

※鉤第 14 段時，請以挑起第 13 段靠近自己這側下半山（1 條）的方式製作。

作品 11、13、14 甜筒餅乾 收尾處理

（背面）

起立針的痕跡

纏繞淺藍色線

甜筒餅乾（正面）

作品 12 甜筒餅乾 收尾處理

（背面）

用白色線挑起甜筒餅乾內側最後一段與甜筒餅乾最後一段朝向外側的上半山（1 條）做捲針縫

甜筒餅乾內側（正面）

起立針的痕跡

纏繞淺藍色線

甜筒餅乾（正面）

作品 12 收尾處理

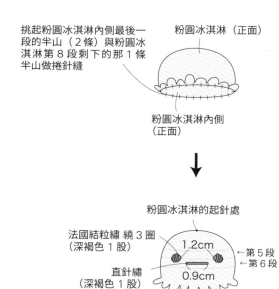

挑起粉圓冰淇淋內側最後一段的半山（2 條）與粉圓冰淇淋第 8 段剩下的那 1 條半山做捲針縫

粉圓冰淇淋（正面）

粉圓冰淇淋內側（正面）

粉圓冰淇淋的起針處

法國結粒繡 繞 3 圈（深褐色 1 股）

直針繡（深褐色 1 股）

1.2cm

0.9cm

←第 5 段
←第 6 段

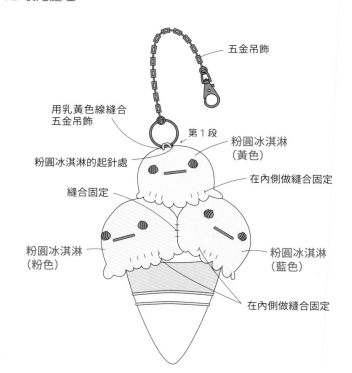

五金吊飾

用乳黃色線縫合五金吊飾

第 1 段

粉圓冰淇淋（黃色）

粉圓冰淇淋的起針處

縫合固定

在內側做縫合固定

粉圓冰淇淋（粉色）

粉圓冰淇淋（藍色）

在內側做縫合固定

9.5cm

作品 11、13、14 收尾處理

作品 11、13、14 通用

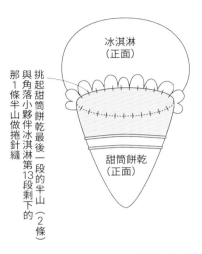

冰淇淋
（正面）

甜筒餅乾
（正面）

挑起甜筒餅乾最後一段的半山與角落小夥伴冰淇淋第13段剩下的那1條半山做捲針縫

作品 13 炸豬排與炸蝦尾冰淇淋

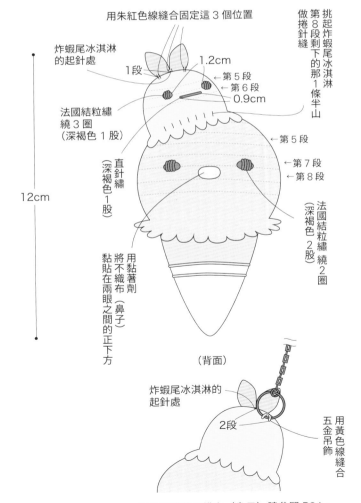

用朱紅色線縫合固定這 3 個位置

炸蝦尾冰淇淋的起針處

挑起炸蝦尾冰淇淋第8段剩下的那1條半山做捲針縫

1段

1.2cm

←第 5 段
←第 6 段
0.9cm

法國結粒繡繞 3 圈（深褐色 1 股）

←第 5 段

直針繡（深褐色 1 股）

←第 7 段
←第 8 段

法國結粒繡繞 2 圈（深褐色 2 股）

用黏著劑將不織布（鼻子）黏貼在兩眼之間的正下方

12cm

（背面）

炸蝦尾冰淇淋的起針處

2段

用黃色線縫合五金吊飾

※炸豬排的不織布（鼻子）請參閱 P.34，
炸蝦尾的鉤織做法請參閱 P.38。

作品 11 白熊冰淇淋

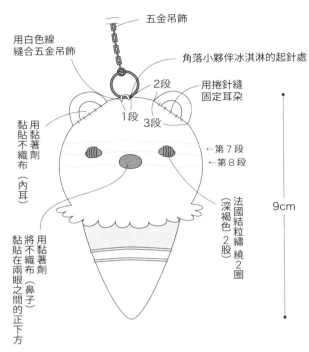

五金吊飾

用白色線縫合五金吊飾

角落小夥伴冰淇淋的起針處

2段

用捲針縫固定耳朵

1段
3段

用黏著劑黏貼不織布（內耳）

←第 7 段
←第 8 段

用黏著劑將不織布（鼻子）黏貼在兩眼之間的正下方

法國結粒繡繞 2 圈（深褐色 2 股）

9cm

※白熊耳朵的鉤織做法、不織布（鼻子）、不織布（內耳）
等內容請參閱 P.33。

作品 14 企鵝？冰淇淋

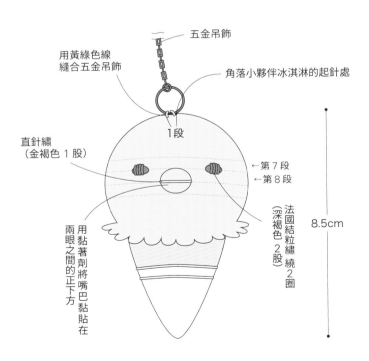

五金吊飾

用黃綠色線縫合五金吊飾

角落小夥伴冰淇淋的起針處

1段

直針繡（金褐色 1 股）

←第 7 段
←第 8 段

用黏著劑將嘴巴黏貼在兩眼之間的正下方

法國結粒繡繞 2 圈（深褐色 2 股）

8.5cm

※企鵝？嘴巴的鉤織做法請參閱 P.34。

P.20 作品 15

使用線材　※均使用 Hamanaka 的線材。

Wanpaku denis
原色（2）10g
黃綠色（53）9g
黃色（3）2g
金褐色（61）1g
白色（1）少量

Piccolo
朱紅色（26）5g
黃綠色（9）3g
淺綠色（24）1g
深褐色（17）1g

Tino
土色（13）少量

其他材料

手工藝棉花「Hamanaka NeoClean Wata」
（H405-401）適量
Hamanaka 手工藝用編織鋁線
（H204-633 直徑約 2mm）46cm
不織布（褐色）2cmx2cm
不織布（綠色）3cmx3cm

工具

Hamanaka 樂樂雙頭鉤針
4/0 號、5/0 號、2/0 號

完成尺寸

請參考圖示

製作方法

1 按照織圖鉤織所需的針目，製作出各部位的
　織片，再依圖示做收尾處理。
2 完成蘋果外框後，將各配件組合起來做成掛
　飾。

腳部的織圖（2 片）
原色　5/0 號鉤針

填充
棉花

段數	針數	加減針
2	6	不加減針
1	6	環狀起針後鉤6針

帽子的織圖
黃綠色（Wanpaku denis）
5/0 號鉤針

5←
4←

段數	針數	加減針
5	21	不加減針
4	21	
3	21	每段各加7針
2	14	
1	7	環狀起針後鉤7針

蒂頭的織圖
土色　2/0 號鉤針

1←

起針 鉤 2 針鎖針

※鉤織結束處的線尾要
　預留長一點備用。

青蘋果的織圖
黃綠色（Piccolo）　4/0 號鉤針

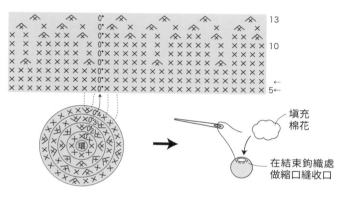

13
10
5←

填充
棉花

在結束鉤織處
做縮口縫收口

段數	針數	加減針
13	6	
12	12	每段各減6針
11	18	
10	24	不加減針
9		
8	24	減4針
7		
6	28	不加減針
5		
4	28	加4針
3	24	每段各加8針
2	16	
1	8	環狀起針後鉤8針

※青蘋果與紅蘋果鉤織結束處的線尾要預留長一點，做完縮口縫
　收口後，不要直接剪斷，請參閱 P.76 的收尾處理。

紅蘋果的織圖
朱紅色　4/0 號鉤針

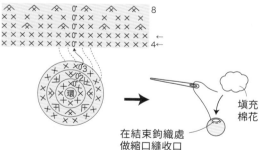

8
←
4←

在結束鉤織處
做縮口縫收口

填充
棉花

段數	針數	加減針
8	6	減6針
7	12	不加減針
6	12	減4針
5		
4	16	不加減針
3		
2	16	加8針
1	8	環狀起針後鉤8針

葉子的織圖
淺綠色　4/0 號鉤針

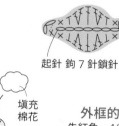

1←

鎖鏈接縫

起針 鉤 7 針鎖針

外框的織圖
朱紅色　4/0 號鉤針

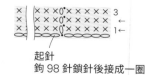

3
←
1←

起針
鉤 98 針鎖針後接成一圈

段數	針數	加減針
3	98	不加減針
2		
1	98	從98針鎖針中鉤98針

段數	針數	加減針
11	參照織圖	
10	36	減6針
9		
8	42	不加減針
7		
6	42	
5	35	
4	28	每段各加7針
3	21	
2	14	
1	7	環狀起針後鉤7針

※鉤第 11 段時，請以挑起第 10 段靠近自己這側下半山（1 條）的方式製作。

衣服的織圖
黃綠色（Wanpaku denis）
5/0 號鉤針

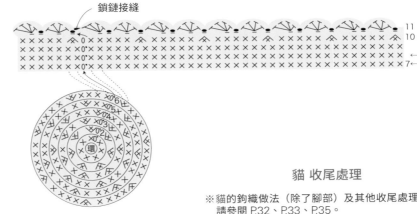

鎖鏈接縫

貓 收尾處理

※貓的鉤織做法（除了腳部）及其他收尾處理等內容
請參閱 P.32、P.33、P.35。

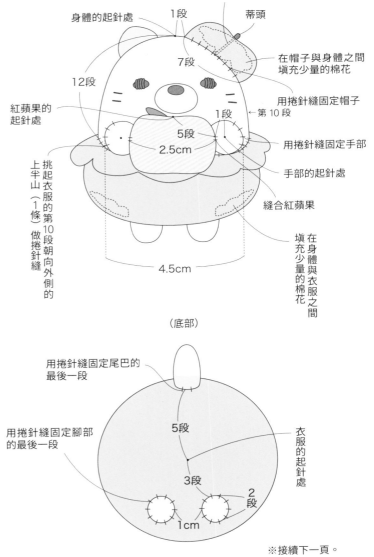

將蒂頭結束鉤織處的線尾穿入帽子裡後
稍微拉緊，再將帽子縫合在身體上

身體的起針處
1段
蒂頭
在帽子與身體之間填充少量的棉花
7段
12段
用捲針縫固定帽子
← 第 10 段
紅蘋果的起針處
1段
5段
2.5cm
用捲針縫固定手部
手部的起針處
上半山（1 條）做捲針縫
挑起衣服的第 10 段朝向外側的
縫合紅蘋果
在身體與衣服之間填充少量的棉花
4.5cm
（底部）

用捲針縫固定尾巴的最後一段
用捲針縫固定腳部的最後一段
5段
衣服的起針處
3段
2段
1cm

※接續下一頁。

鋁線、不織布的原寸紙型

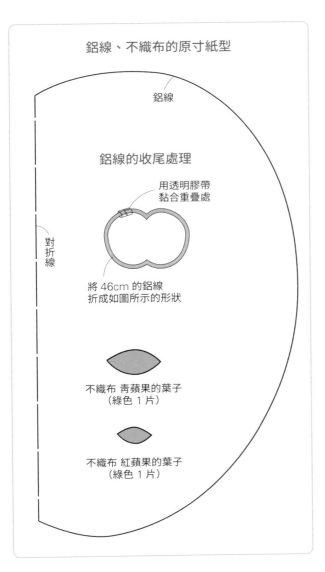

鋁線

鋁線的收尾處理

用透明膠帶黏合重疊處

將 46cm 的鋁線折成如圖所示的形狀

對折線

不織布 青蘋果的葉子
（綠色 1 片）

不織布 紅蘋果的葉子
（綠色 1 片）

青蘋果 收尾處理　　※紅蘋果的收尾處理做法一樣。

②從出針處一旁的針目
　入針，再從最後一段
　處出針，稍微拉緊線
　材製造凹陷狀

第1段

①將鉤織結束處的線尾穿入毛
　線縫針後，穿過蘋果的中央，
　再從第1段處出針，稍微拉
　緊線材製造蒂頭的凹陷狀

③重複步驟①、②做完一整圈

（上方）
製作凹陷的位置

青蘋果的起針處

用黏著劑黏貼不織布
（青蘋果的葉子）

青蘋果的起針處

收尾處理

將2條線段打結　1cm

取3條25cm深褐色線
做三股辮後，穿過外框

將葉子背面縫合在外框上，
盡量不要讓縫線太明顯

8cm

外框凹陷的
部分

三股辮

外框

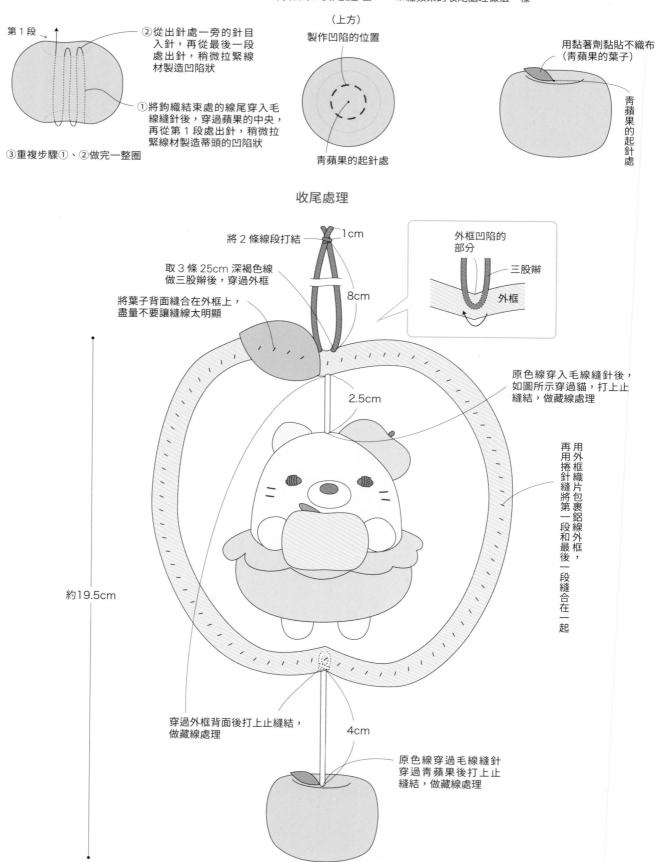

2.5cm

原色線穿入毛線縫針後，
如圖所示穿過貓，打上止
縫結，做藏線處理

約19.5cm

用外框織片包裹鋁線外框，
再用捲針縫將第一段和最後
一段縫合在一起

穿過外框背面後打上止縫結，
做藏線處理

4cm

原色線穿過毛線縫針
穿過青蘋果後打上止
縫結，做藏線處理

使用線材　※均使用 Hamanaka 的線材。

作品 39
Wanpaku denis
水藍色（47）10g
粉紅色（9）7g
白色（1）2g
Piccolo
白色（1）1g
朱紅色（26）1g
淺藍色（23）1g
深褐色（17）少量

作品 40
Piccolo
水藍色（12）5g
原色（2）4g
淺藍色（23）1g
深褐色（17）少量

其他材料

通用
手工藝棉花「Hamanaka NeoClean Wata」
（H405-401）適量

作品 39
不織布（綠色）2cmx2cm
厚紙板（5cmx5cm）1 片

作品 40
不織布（白色）5cmx5cm
捲尺（直徑 5 cm）1 個

工具

通用
Hamanaka 樂樂雙頭鉤針
4/0 號、5/0 號（僅作品 39 需要）

完成尺寸

請參考圖示

製作方法

按照織圖鉤織所需的針目，製作出各部位的織片，再依圖示做收尾處理。

作品 39 馬卡龍（上半部）的織圖
粉紅色　5/0 號鉤針

☐ ＝粉紅色　☐ ＝白色（Wanpaku denis）

作品 39 馬卡龍（下半部）的織圖
粉紅色　5/0 號鉤針

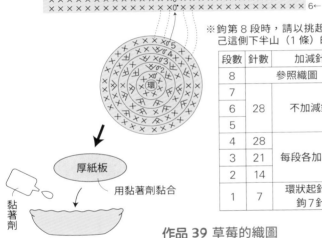

※鉤第 8 段時，請以挑起第 7 段靠近自己這側下半山（1 條）的方式製作。

段數	針數	加減針
8		參照織圖
7	28	不加減針
6		
5		
4	28	每段各加 7 針
3	21	
2	14	
1	7	環狀起針後鉤 7 針

厚紙板
用黏著劑黏合
黏著劑

※鉤第 8 段時，請以挑起第 7 段靠近自己這側下半山（1 條）的方式製作。
※鉤第 9 段時，請以挑起第 7 段剩下另 1 條半山的方式製作。

段數	針數	加減針
9	28	參照織圖
8		參照織圖
7		
6	28	不加減針
5		
4	28	每段各加 7 針
3	21	
2	14	
1	7	環狀起針後鉤 7 針

作品 39 草莓的織圖
朱紅色　4/0 號鉤針

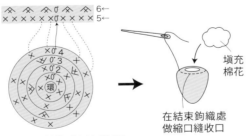

填充棉花

在結束鉤織處做縮口縫收口

段數	針數	加減針
6	5	減 5 針
5	10	不加減針
4		
3	10	加 3 針
2	7	加 2 針
1	5	環狀起針後鉤 5 針

作品 39 鮮奶油的織圖
白色（Piccolo）
4/0 號鉤針

段數	針數	加減針
4	18	不加減針
3	18	每段各加 6 針
2	12	
1	6	環狀起針後鉤 6 針

作品 39 厚紙板的原寸紙型

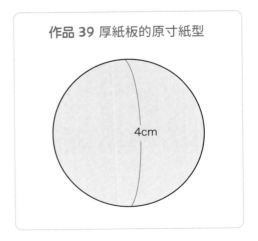

4cm

※接續下一頁。

作品 39 馬卡龍 收尾處理

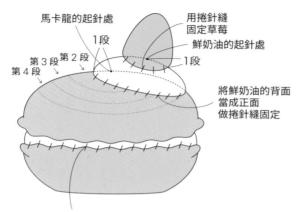

馬卡龍的起針處
用捲針縫
固定草莓
鮮奶油的起針處
1段
1段
第3段 第2段
第4段
將鮮奶油的背面
當成正面
做捲針縫固定

挑起馬卡龍（上半部）第9段的半山（2條）
與馬卡龍（下半部）第7段剩下的另1條半
山做捲針縫，一邊填充棉花

作品 39 蜥蜴 收尾處理

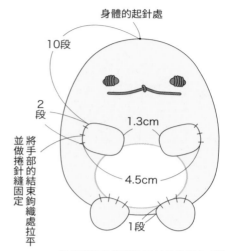

身體的起針處
10段
2段
將手部的結束鉤織處拉平並做捲針縫固定
1.3cm
4.5cm
1段

※蜥蜴的鉤織做法及其他收尾處理等內容
請參閱 P.32、P.33、P.36

作品 39 蜥蜴與馬卡龍的針插 收尾處理

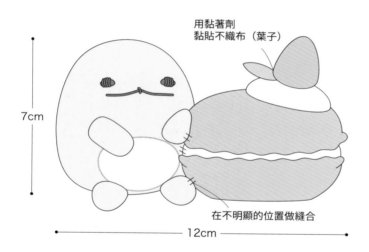

用黏著劑
黏貼不織布（葉子）
7cm
12cm
在不明顯的位置做縫合

作品 39 不織布的原寸紙型

葉子
（綠色 1 片）

作品 40 草莓的織圖（2 片）
原色　4/0 號鉤針

1←

起針 鉤 2 針鎖針

↓

將起針處的線頭與鉤織
結束處的線尾一起打結

作品 40 蝸牛殼（左）的織圖
水藍色　4/0 號鉤針

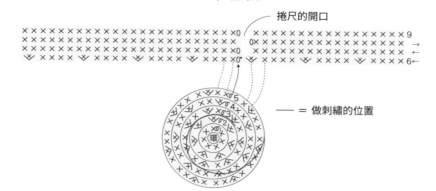

捲尺的開口

—— = 做刺繡的位置

段數	針數	加減針
9	41	不加減針
8	41	
7	41	減1針
6	42	
5	35	
4	28	每段各加7針
3	21	
2	14	
1	7	環狀起針後鉤7針

作品 40 蝸牛殼（右）的織圖
水藍色　4/0 號鉤針

—— = 做刺繡的位置

段數	針數	加減針
6	42	
5	35	
4	28	每段各加7針
3	21	
2	14	
1	7	環狀起針後鉤7針

作品 40 身體的織圖
原色　4/0 號鉤針

● = 安裝觸角的位置　　● · —— = 做刺繡的位置

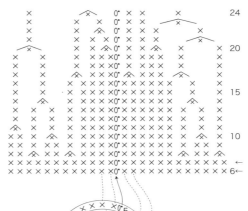

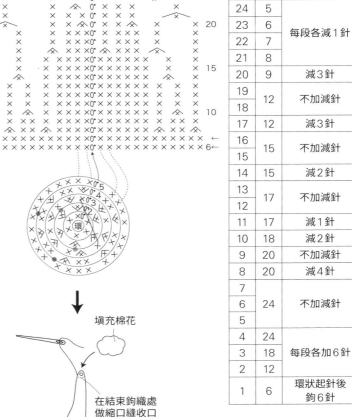

段數	針數	加減針
24	5	
23	6	每段各減1針
22	7	
21	8	
20	9	減3針
19	12	不加減針
18		
17	12	減3針
16	15	不加減針
15		
14	15	減2針
13	17	不加減針
12		
11	17	減1針
10	18	減2針
9	20	不加減針
8	20	減4針
7		
6	24	不加減針
5		
4	24	
3	18	每段各加6針
2	12	
1	6	環狀起針後鉤6針

填充棉花

在結束鉤織處
做縮口縫收口

用錐子將要安裝觸角
的針目稍微鑽大一些

作品 40
不織布的原寸紙型

花紋
（白色 10 片）

作品 40 收尾處理

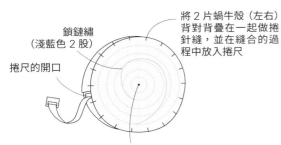

鎖鏈繡
（淺藍色 2 股）

捲尺的開口

將 2 片蝸牛殼（左右）
背對背疊在一起做捲
針縫，並在縫合的過
程中放入捲尺

蝸牛殼（右）的起針處

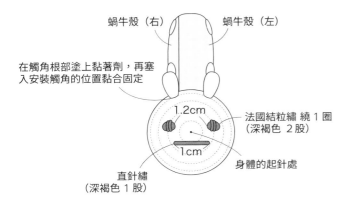

蝸牛殼（右）　　蝸牛殼（左）

在觸角根部塗上黏著劑，再塞
入安裝觸角的位置黏合固定

1.2cm

法國結粒繡 繞 1 圈
（深褐色 2 股）

1cm

直針繡
（深褐色 1 股）

身體的起針處

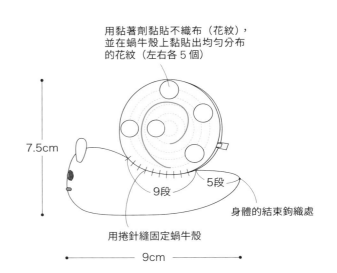

用黏著劑黏貼不織布（花紋），
並在蝸牛殼上黏貼出均勻分布
的花紋（左右各 5 個）

7.5cm

9段

5段

身體的結束鉤織處

用捲針縫固定蝸牛殼

9cm

P.21 作品 16 ～ 17

使用線材 ※均使用 Hamanaka 的線材。

作品 16
Wanpaku denis
原色（2）10g
橘色（44）10g
黃色（3）2g
金褐色（61）1g
白色（1）少量
Piccolo
白色（1）4g
檸檬黃（8）2g
橘色（7）1g
金褐色（21）1g
紫色（31）1g
深褐色（17）少量
淺綠色（24）少量
Tino
土色（13）1g

作品 17
Wanpaku denis
水藍色（47）10g
白色（1）1g
Piccolo
橘色（7）7g
紫色（31）5g
原色（2）2g
白色（1）1g
檸檬黃（8）1g
金褐色（21）1g
淺藍色（23）1g
深褐色（17）少量

其他材料
通用
手工藝棉花「Hamanaka NeoClean Wata」（H405-401）適量
作品 16
不織布（紫色）2cmx6cm
不織布（褐色）2cmx2cm
緞帶（寬 3mm、紅色）13cm
牙籤 1 支
作品 17
不織布（紫色）3cmx3cm
不織布（黑色）3cmx3cm
不織布（橘色）2cmx2cm

工具
通用
Hamanaka 樂樂雙頭鉤針 5/0 號、4/0 號

完成尺寸
請參考圖示

製作方法
1 按照織圖鉤織所需的針目，製作出各部位的織片，再依圖示做收尾處理。
2 將各配件組合在一起做成掛飾。

作品 16 棒棒糖的織圖（2 片）
檸檬黃　4/0 號鉤針

—— = 做刺繡的位置

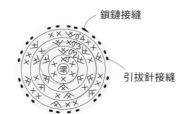

鎖鏈接縫

引拔針接縫

段數	針數	加減針
4	24	每段各加6針
3	18	
2	12	
1	6	環狀起針後鉤6針

作品 16 幽靈 帽子（帽身）的織圖
紫色　4/0 號鉤針

段數	針數	加減針
4	10	每段各加2針
3	8	
2	6	加1針
1	5	環狀起針後鉤5針

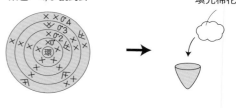

填充棉花

作品 16 南瓜服的織圖
橘色（Wanpaku denis）5/0 號鉤針

段數	針數	加減針
13		參照織圖
12	36	減4針
11	40	不加減針
≀		
7		
6	40	加5針
5	35	每段各加7針
4	28	
3	21	
2	14	
1	7	環狀起針後鉤7針

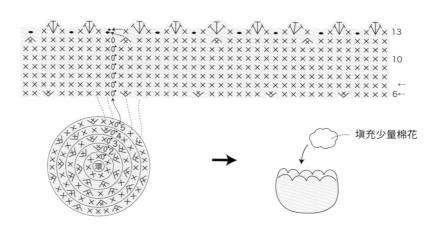

填充少量棉花

作品 16 南瓜蒂頭的織圖
淺綠色　4/0 號鉤針

起針
鉤 2 針鎖針

將起針處的線頭與鉤織
結束處的線尾一起打結

作品 16 貓 腳部的織圖（2 片）
原色　5/0 號鉤針

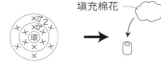

填充棉花

段數	針數	加減針
2	6	不加減針
1	6	環狀起針後 鉤6針

作品 16 南瓜帽的織圖
橘色（Wanpaku denis）　5/0 號鉤針

填充棉花

段數	針數	加減針
3	12	不加減針
2	12	加 6 針
1	6	環狀起針後 鉤6針

用錐子將起針處的針目稍微鑽大一些

作品 16 貓 手部的織圖（2 片）
原色　5/0 號鉤針

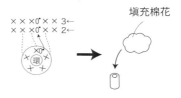

填充棉花

段數	針數	加減針
3	5	不加減針
2		
1	5	環狀起針後 鉤5針

作品 17 蜥蜴 衣服上、下的織圖
紫色　4/0 號鉤針

▷ = 接線
▶ = 剪線

起針
鉤 40 針鎖針

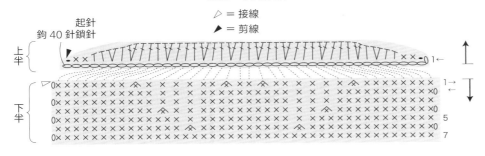

上半

下半

蜥蜴 衣服上半

段數	針數	加減針
1	50	從40針鎖針中 鉤50針

蜥蜴 衣服下半

段數	針數	加減針
7	42	不加減針
6	42	加 2 針
5	40	不加減針
4	40	加 2 針
3	38	不加減針
2		
1	38	參照織圖

作品 17 南瓜的織圖
橘色（Wanpaku denis）　4/0 號鉤針

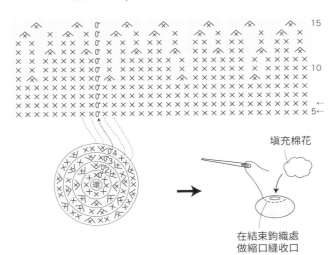

填充棉花

在結束鉤織處
做縮口縫收口

段數	針數	加減針
15	7	每段各減7針
14	14	
13	21	不加減針
12	21	減 7 針
11	28	不加減針
10		
9	28	減 4 針
8	32	不加減針
〜		
5		
4	32	每段各加8針
3	24	
2	16	
1	8	環狀起針後 鉤8針

※
接
續
下
一
頁
。

作品 16、17 通用 毛線球 A、B 的織圖（各 1 片）
4/0 號鉤針

段數	針數	加減針
8	6	減6針
7	12	減3針
6		
5	15	不加減針
4		
3	15	加3針
2	12	加6針
1	6	環狀起針後鉤6針

配色

毛線球 A	毛線球 B
白色（Piccolo）	檸檬黃

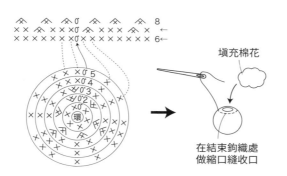

填充棉花

在結束鉤織處做縮口縫收口

作品 17 蜥蜴 帽子（帽身）的織圖
紫色 4/0 號鉤針

填充棉花

※第 3 段的短針做筋編。

段數	針數	加減針
5	10	不加減針
4	10	每段各減2針
3	12	
2	14	加7針
1	7	環狀起針後鉤7針

作品 17 帽子裝飾線的織圖
橘色（Piccolo） 4/0 號鉤針

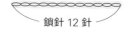

鎖針 12 針

作品 16、17 通用 帽子（帽緣）的織圖
紫色 4/0 號鉤針

鎖鏈接縫

段數	針數	加減針
3	20	加10針
2	10	加5針
1	5	環狀起針後鉤5針

作品 16 貓 收尾處理

※貓的鉤織做法（除了手部與腳部）、不織布（鼻子）
及其他收尾處理等內容請參閱 P.32、P.35

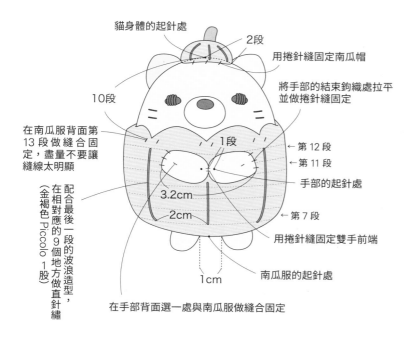

貓身體的起針處
2段
用捲針縫固定南瓜帽
將手部的結束鉤織處拉平並做捲針縫固定
10段
在南瓜服背面第13段做縫合固定，盡量不要讓縫線太明顯
（金褐色 Piccolo 1 股）在相對應的最後一段的9個地方做直針繡
配合最後一段的波浪造型，
1段
第 12 段
第 11 段
手部的起針處
3.2cm
2cm
第 7 段
用捲針縫固定雙手前端
1cm
南瓜服的起針處
在手部背面選一處與南瓜服做縫合固定

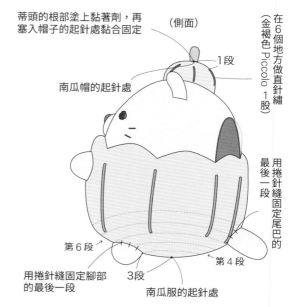

蒂頭的根部塗上黏著劑，再塞入帽子的起針處黏合固定
（側面）
1段
南瓜帽的起針處
（金褐色 Piccolo 1 股）在 6 個地方做直針繡
用捲針縫固定尾巴的最後一段
第 6 段
3段
第 4 段
用捲針縫固定腳部的最後一段
南瓜服的起針處

作品 16 棒棒糖 收尾處理

① 做刺繡

鎖鏈繡
（橘色 Piccolo 1 股）

② 2 片織片背對背疊在一起用檸檬黃色線做引拔針接縫（最後以鎖鏈接縫收尾）

棒棒糖
（背面）

棒棒糖
（正面）

③ 插入牙籤並用黏著劑黏合固定

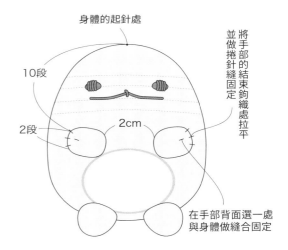

在牙籤和織片接合處用緞帶打一個蝴蝶結，再以黏著劑黏合固定

2.5cm

牙籤修剪成 5cm 後，插入棒棒糖中，並用黏著劑黏合固定

作品 16 幽靈帽子 收尾處理

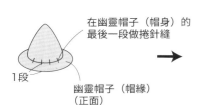

在幽靈帽子（帽身）的最後一段做捲針縫

1段

幽靈帽子（帽緣）
（正面）

（背面）

用橘色線（Piccolo）纏繞一圈後黏著劑黏合固定

作品 17 蜥蜴 收尾處理

※蜥蜴的鉤織做法、收尾處理（除了安裝手部）等內容請參閱 P.32、P.33、P.36。

身體的起針處

10段

2段

2cm

將手部的結束鉤織處拉平並做捲針縫固定

在手部背面選一處與身體做縫合固定

作品 17 蜥蜴帽子 收尾處理

在蜥蜴帽子（帽身）的最後一段做捲針縫

1段

蜥蜴帽子（帽緣）
（正面）

（背面）

將帽子裝飾線縫合在帽子上

不織布的原寸紙型

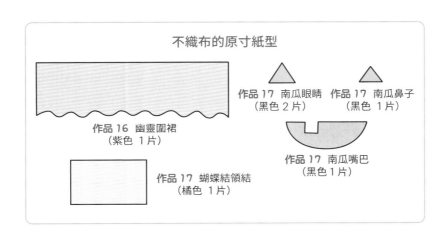

作品 16 幽靈圍裙
（紫色 1 片）

作品 17 南瓜眼睛
（黑色 2 片）

作品 17 南瓜鼻子
（黑色 1 片）

作品 17 南瓜嘴巴
（黑色 1 片）

作品 17 蝴蝶結領結
（橘色 1 片）

※接續下一頁。

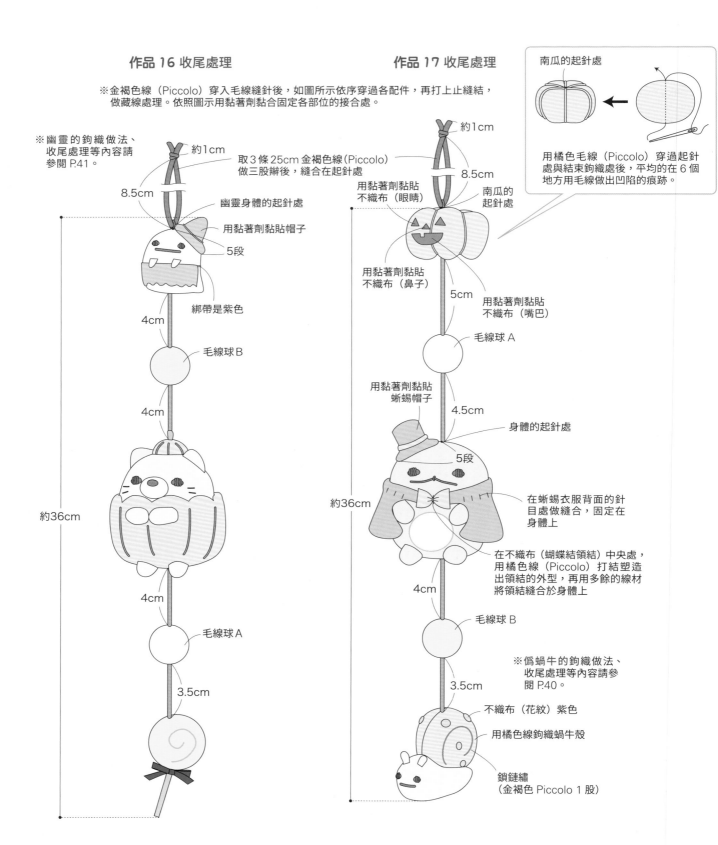

作品 16 收尾處理

作品 17 收尾處理

※金褐色線（Piccolo）穿入毛線縫針後，如圖所示依序穿過各配件，再打上止縫結，做藏線處理。依照圖示用黏著劑黏合固定各部位的接合處。

南瓜的起針處

用橘色毛線（Piccolo）穿過起針處與結束鉤織處後，平均的在 6 個地方用毛線做出凹陷的痕跡。

※幽靈的鉤織做法、收尾處理等內容請參閱 P.41。

約1cm

取 3 條 25cm 金褐色線（Piccolo）做三股辮後，縫合在起針處

8.5cm

幽靈身體的起針處

用黏著劑黏貼帽子

5段

綁帶是紫色

4cm

毛線球 B

4cm

約36cm

4cm

毛線球 A

3.5cm

約1cm

8.5cm

用黏著劑黏貼不織布（眼睛）

南瓜的起針處

用黏著劑黏貼不織布（鼻子）

5cm

用黏著劑黏貼不織布（嘴巴）

毛線球 A

用黏著劑黏貼蜥蜴帽子

4.5cm

身體的起針處

5段

約36cm

在蜥蜴衣服背面的針目處做縫合，固定在身體上

在不織布（蝴蝶結領結）中央處，用橘色線（Piccolo）打結塑造出領結的外型，再用多餘的線材將領結縫合於身體上

4cm

毛線球 B

3.5cm

※偽蝸牛的鉤織做法、收尾處理等內容請參閱 P.40。

不織布（花紋）紫色

用橘色線鉤織蝸牛殼

鎖鏈繡（金褐色 Piccolo 1 股）

P.26 作品 30 ～ 34

使用線材　※均使用 Hamanaka 的線材。

作品 30
Wanpaku denis
淡綠色（46）17g
黃綠色（53）9g
白色（1）8g
Piccolo
黃色（42）1g
深褐色（17）少量
金褐色（21）少量

作品 31
Wanpaku denis
橘色（44）24g
原色（2）10g
黃色（3）2g
金褐色（61）1g
白色（1）少量
Piccolo
金褐色（21）1g
深褐色（17）少量
Tino
土色（13）少量

作品 32
Wanpaku denis
淡粉紅色（5）24g
白色（1）12g
Piccolo
深褐色（17）少量

作品 33
Wanpaku denis
黃色（3）24g
金色（61）11g
橘色（44）1g
Piccolo
深褐色（17）少量

工具

通用
Hamanaka 樂樂雙頭鉤針
4/0 號、5/0 號

作品 34
Wanpaku denis
淺藍色（8）24g
水藍色（47）10g
白色（1）1g
Piccolo
淺藍色（23）1g
深褐色（17）少量

其他材料

通用
手工藝棉花「Hamanaka NeoClean Wata」（H405-401）適量
作品 31
不織布（褐色）2cmx2cm
作品 32
不織布（淡粉紅色）2cmx2cm
不織布（深褐色）2cmx2cm
不織布（白色）4cmx4cm
作品 33
不織布（淡粉紅色）2cmx2cm
作品 34
不織布（白色）4cmx3cm

完成尺寸

請參考圖示

製作方法

按照織圖鉤織所需的針目，製作出各部位的織片，再依圖示做收尾處理。

段數	針數	加減針
16		
～	40	不加減針
7		
6	40	加 5 針
5	35	
4	28	每段各加 7 針
3	21	
2	14	
1	7	環狀起針後鉤 7 針

作品 30 ～ 34 通用 馬克杯內側的織圖
Wanpaku denis　5/0 號鉤針

作品 30 的配色　　☐ = 淺綠色　　☐ = 白色

馬克杯內側的配色

作品 30 企鵝？	參照左圖
作品 31 貓	橘色
作品 32 白熊	淡粉紅色
作品 33 炸豬排	黃色
作品 34 蜥蜴	淺藍色

作品 30 ～ 34 通用 把手的織圖
Wanpaku denis　5/0 號鉤針

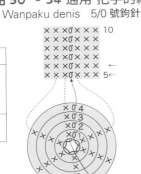

段數	針數	加減針
10		
～	6	不加減針
2		
1	6	環狀起針後鉤 6 針

起針 鉤 6 針鎖針後接成一圈

把手的配色

作品 30 企鵝？	淺綠色
作品 31 貓	橘色
作品 32 白熊	淡粉紅色
作品 33 炸豬排	黃色
作品 34 蜥蜴	淺藍色

※接續下一頁。

作品 30 ～ 34 通用 馬克杯外側的織圖
Wanpaku denis　5/0 號鉤針

作品 30 的配色　▨＝淺綠色　□＝白色

段數	針數	加減針
18		
～	40	不加減針
7		
6	40	加 5 針
5	35	
4	28	每段各加 7 針
3	21	
2	14	
1	7	環狀起針後鉤 7 針

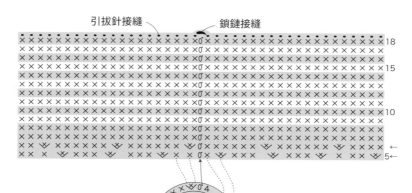

引拔針接縫　　鎖鏈接縫

馬克杯外側的配色

作品 30 企鵝？	參照左圖
作品 31 貓	橘色
作品 32 白熊	淡粉紅色
作品 33 炸豬排	黃色
作品 34 蜥蜴	淺藍色

馬克杯 收尾處理

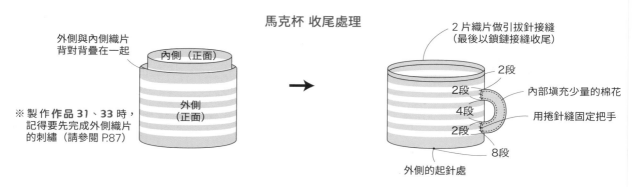

外側與內側織片背對背疊在一起

內側（正面）

外側（正面）

※製作 作品 31、33 時，記得要先完成外側織片的刺繡（請參閱 P.87）

2 片織片做引拔針接縫（最後以鎖鏈接縫收尾）

2 段
2 段
4 段
2 段
8 段

內部填充少量的棉花

用捲針縫固定把手

外側的起針處

角落小夥伴 收尾處理

※角落小夥伴的鉤織做法及其他收尾處理等內容請參閱 P.32 ～ P.36。

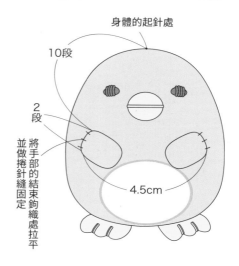

作品 32

身體的起針處

10 段

2 段

將手部的結束鉤織處拉平並做捲針縫固定

3.5cm

※雙手前端請不要做捲針縫固定。

作品 30、31、33、34 通用

身體的起針處

10 段

2 段

將手部的結束鉤織處拉平並做捲針縫固定

4.5cm

収尾處理

作品 30 企鵝？

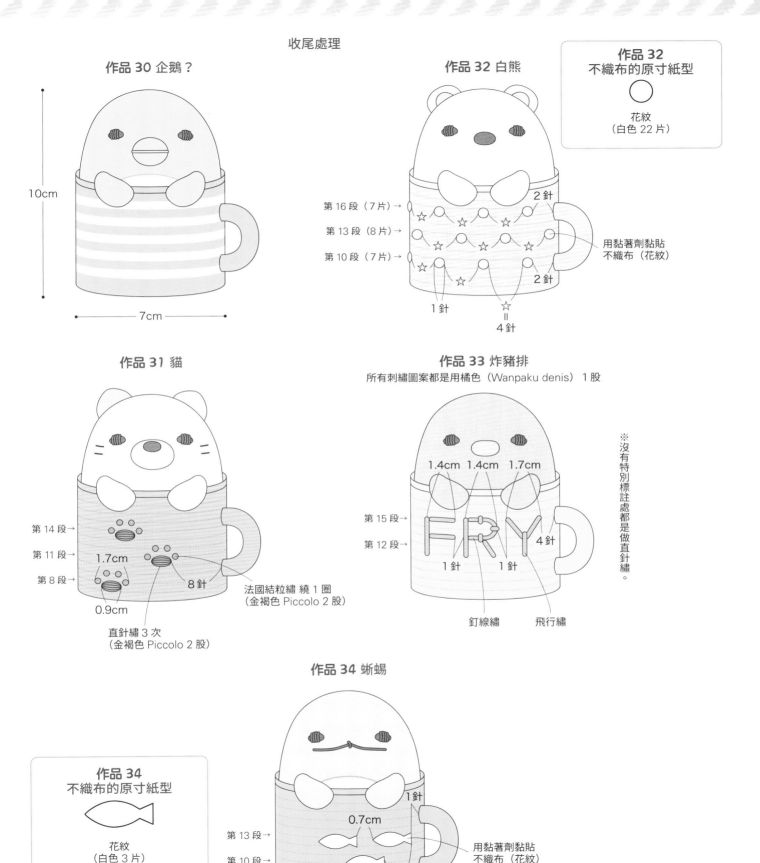

10cm

7cm

作品 32 白熊

第 16 段（7 片）→
第 13 段（8 片）→
第 10 段（7 片）→

2 針

2 針

用黏著劑黏貼
不織布（花紋）

1 針
☆
‖
4 針

作品 31 貓

第 14 段→
第 11 段→
1.7cm
第 8 段→

8 針

0.9cm

法國結粒繡 繞 1 圈
（金褐色 Piccolo 2 股）

直針繡 3 次
（金褐色 Piccolo 2 股）

作品 33 炸豬排

所有刺繡圖案都是用橘色（Wanpaku denis）1 股

1.4cm 1.4cm 1.7cm

第 15 段→
第 12 段→

4 針

1 針   1 針

釘線繡   飛行繡

※沒有特別標註處都是做直針繡。

作品 34 蜥蜴

第 13 段→
第 10 段→

1 針

0.7cm

2 針

用黏著劑黏貼
不織布（花紋）

87

P.22、23 作品 18 ～ 24

使用線材 ※均使用 Hamanaka 的線材。

作品 18
Piccolo
淡粉紅色（40）3g
檸檬黃（8）2g
白色（1）1g
深粉紅色（5）1g
深褐色（17）少量

作品 19
Piccolo
原色（2）2g
檸檬黃（8）2g
黃色（42）2g
白色（1）1g
深粉紅色（5）1g
金褐色（21）1g
深褐色（17）少量

作品 20
Wanpaku denis
水藍色（47）10g
白色（1）1g
Piccolo
朱紅色（26）2g
白色（1）1g
淺藍色（23）1g
深褐色（17）少量

作品 21
Wanpaku denis
金褐色（61）11g
Piccolo
朱紅色（26）2g
白色（1）1g
深褐色（17）少量

作品 22
Wanpaku denis
白色（1）12g
Piccolo
朱紅色（26）2g
白色（1）1g
深褐色（17）少量

作品 23
Wanpaku denis
原色（2）10g
黃色（3）2g
金褐色（61）1g
白色（1）少量
Piccolo
朱紅色（26）2g
白色（1）1g
深褐色（17）少量
Tino
土色（13）少量

作品 24
Wanpaku denis
黃綠色（53）9g
白色（1）1g
Piccolo
白色（1）1g
淺綠色（24）1g
朱紅色（26）1g
黃色（42）1g
深褐色（17）少量
金褐色（21）少量

其他材料

通用
手工藝棉花「Hamanaka NeoClean Wata」（H405-401）適量
緞帶（寬 3 mm、金色）各 25cm

作品 18 ～ 19
金屬串珠（直徑 8 mm、金色）各 1 顆

作品 20 ～ 24
裝飾毛球（直徑 8 mm、白色）各 1 顆

作品 19
不織布（白色）4cmx6cm

作品 20
不織布（黃色）2cmx2cm

作品 21
不織布（淡粉紅色）2cmx2cm
不織布（白色）2cmx2cm

作品 22
不織布（淡粉紅色）2cmx2cm
不織布（深褐色）2cmx2cm
裝飾毛球（直徑 10 mm、白色）2 顆

作品 23
不織布（褐色）2cmx2cm

工具

通用
Hamanaka 樂樂雙頭鉤針 4/0 號、5/0 號
（僅**作品 20 ～ 24** 需要）

完成尺寸

請參考圖示

製作方法

1 按照織圖鉤織所需的針目，製作出各部位的織片，再依圖示做收尾處理。
2 將各配件組合在一起做成吊飾。（僅作品 18、19 需要）

作品 18、19 草莓的織圖
深粉紅色　4/0 號鉤針

段數	針數	加減針
4	8	不加減針
3	8	加 2 針
2	6	加 1 針
1	5	環狀起針後鉤 5 針

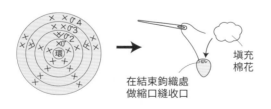

在結束鉤織處做縮口縫收口
填充棉花

作品 18、19 鮮奶油的織圖
白色　4/0 號鉤針

作品 19 的正面
作品 18 的正面
鎖鏈接縫

段數	針數	加減針
3	18	參照織圖
2	12	加 6 針
1	6	環狀起針後鉤 6 針

作品 18、19 毛線球的織圖
檸檬黃　4/0 號鉤針

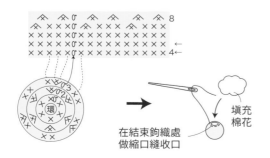

在結束鉤織處做縮口縫收口
填充棉花

段數	針數	加減針
8	6	減 6 針
7	12	減 3 針
6	15	不加減針
5	15	
4		
3	15	加 3 針
2	12	加 6 針
1	6	環狀起針後鉤 6 針

作品 19
不織布的原寸紙型

鮮奶油
（白色 2 片）

作品 19 蛋糕 A、B 的織圖（各 1 片）
4/0 號鉤針

□=黃色　▨=金褐色

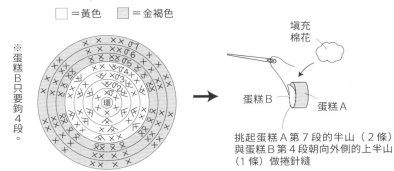

段數	針數	加減針
7	24	不加減針
6		
5		
4	24	每段各加 6 針
3	18	
2	12	
1	6	環狀起針後鉤 6 針

蛋糕 A（涵蓋 1～7 段）
蛋糕 B（涵蓋 1～4 段）

※第 5 段的短針做筋編。

※蛋糕 B 只要鉤 4 段。

填充棉花

蛋糕 B　蛋糕 A

挑起蛋糕 A 第 7 段的半山（2 條）與蛋糕 B 第 4 段朝向外側的上半山（1 條）做捲針縫

作品 20～24 帽子的織圖
4/0 號鉤針

對折線　□=朱紅色　□=白色

段數	針數	加減針
7	12	不加減針
6		
5		
4	12	每段各加 3 針
3	9	
2	6	加 1 針
1	5	環狀起針後鉤 5 針

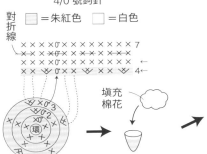

填充棉花

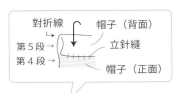

依對折線向外折後，挑起 7 段的半山（2 條），在第 4 段與第 5 段之間做立針縫

對折線　帽子（背面）
第 5 段→　立針縫
第 4 段→　帽子（正面）

作品 20 衣服的織圖
4/0 號鉤針

□=朱紅色　□=白色（Piccolo）　▷=接線　▶=剪線

起針
鉤 40 針鎖針

段數	針數	加減針
3	42	參照織圖
2	40	
1	40	從 40 針鎖針中鉤 40 針

作品 21 衣服的織圖
朱紅色　4/0 號鉤針

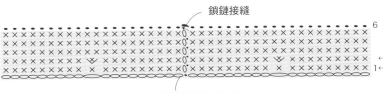

鎖鏈接縫

起針 鉤 38 針鎖針後接成一圈

段數	針數	加減針
6		不加減針
～	40	
3		
2	40	加 2 針
1	38	從 38 針鎖針中鉤 38 針

作品 22 衣服的織圖
4/0 號鉤針

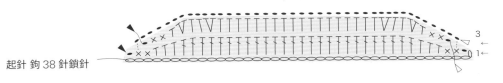

起針 鉤 38 針鎖針

段數	針數	加減針
3	40	參照織圖
2	38	
1	38	從 38 針鎖針中鉤 38 針

※接續下一頁。

作品 23 圍巾 A 的織圖
朱紅色　4/0 號鉤針

段數	針數	加減針
2	38	不加減針
1	38	從 38 針鎖針中鉤 38 針

起針 鉤 38 針鎖針後接成一圈

作品 23 圍巾 B 的織圖
朱紅色　4/0 號鉤針

段數	針數	加減針
2	12	不加減針
1	12	從 12 針鎖針中鉤 12 針

起針 鉤 12 針鎖針

作品 23 裝飾球的織圖（2 片）
白色　4/0 號鉤針

段數	針數	加減針
4	6	減 4 針
3	10	不加減針
2	10	加 4 針
1	6	環狀起針後鉤 6 針

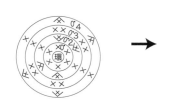

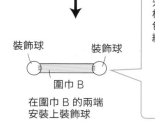

在圍巾 B 的兩端安裝上裝飾球

裝飾球　裝飾球
圍巾 B

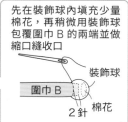

先在裝飾球內填充少量棉花，再稍微用裝飾球包覆圍巾 B 的兩端並做縮口縫收口

裝飾球
圍巾 B
2 針　棉花

作品 24 小黃瓜的織圖
淺綠色　4/0 號鉤針

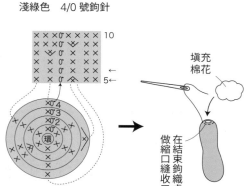

做縮口縫收口　在結束鉤織處

填充棉花

段數	針數	加減針
10	7	不加減針
9	7	每段各加 1 針
8	6	
7	5	不加減針
6	5	
5	5	每段各減 1 針
4	6	
3	7	不加減針
2	7	加 1 針
1	6	環狀起針後鉤 6 針

作品 21 手部的織圖（2 片）
金褐色　5/0 號鉤針

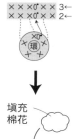

填充棉花

段數	針數	加減針
3	5	不加減針
2		
1	5	環狀起針後鉤 5 針

作品 18 收尾處理
作品 19 收尾處理

※將白色線穿入毛線縫針後，如圖所示依序穿過各配件，再打止縫結，做藏線處理。依照圖示用黏著劑黏合固定各部位的接合處。

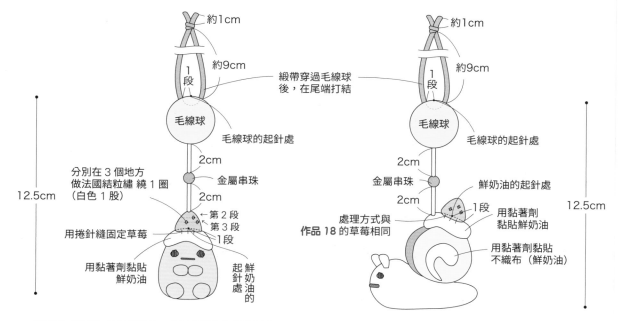

※粉圓（粉色）的鉤織做法、收尾處理等內容請參閱 P.42。　　※偽蝸牛的鉤織做法、收尾處理等內容請參閱 P.40。

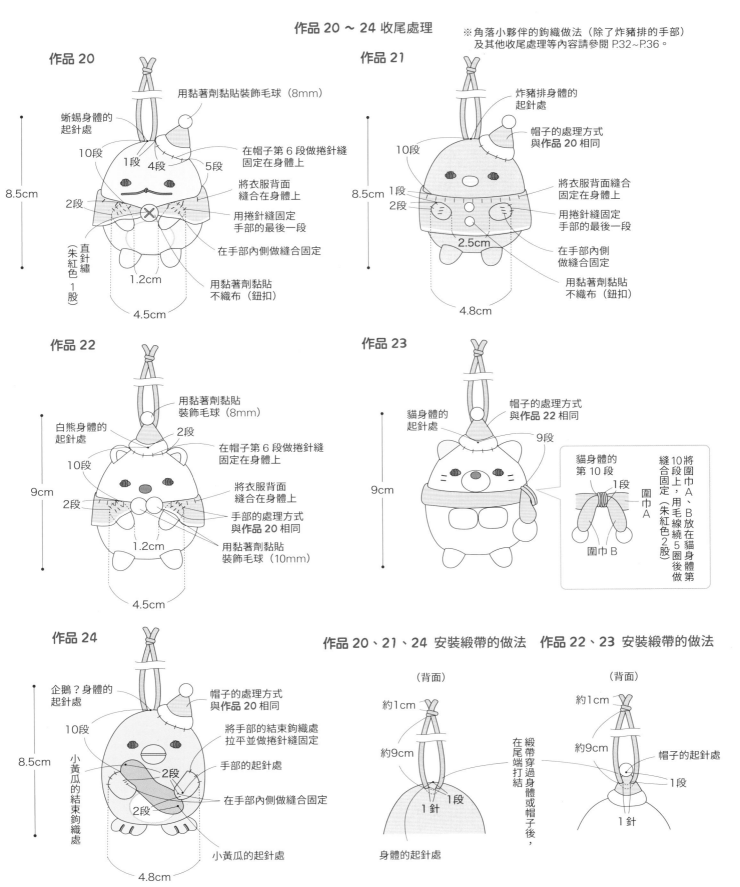

作品 20 ～ 24 收尾處理

※角落小夥伴的鉤織做法（除了炸豬排的手部）
及其他收尾處理等內容請參閱 P.32~P.36。

作品 20

用黏著劑黏貼裝飾毛球（8mm）

蜥蜴身體的起針處

10段
1段　4段　5段

在帽子第 6 段做捲針縫固定在身體上

將衣服背面縫合在身體上

用捲針縫固定手部的最後一段

在手部內側做縫合固定

8.5cm

2段

直針繡（朱紅色 1 股）

1.2cm

4.5cm

用黏著劑黏貼不織布（鈕扣）

作品 21

炸豬排身體的起針處

帽子的處理方式與作品 20 相同

10段
1段
2段

8.5cm

2.5cm

將衣服背面縫合固定在身體上

用捲針縫固定手部的最後一段

在手部內側做縫合固定

4.8cm

用黏著劑黏貼不織布（鈕扣）

作品 22

用黏著劑黏貼裝飾毛球（8mm）

白熊身體的起針處

2段

10段

9cm

2段

1.2cm

在帽子第 6 段做捲針縫固定在身體上

將衣服背面縫合在身體上

手部的處理方式與作品 20 相同

用黏著劑黏貼裝飾毛球（10mm）

4.5cm

作品 23

貓身體的起針處

帽子的處理方式與作品 22 相同

9段

9cm

貓身體的第 10 段

1段
圍巾A
圍巾A

圍巾 B

將圍巾 A、B 放在貓身體第 10 段縫合固定上，用毛線繞 5 圈後做縫合固定（朱紅色 2 股）

作品 24

企鵝？身體的起針處

10段

8.5cm

小黃瓜的結束鉤織處

2段

2段

帽子的處理方式與作品 20 相同

將手部的結束鉤織處拉平並做捲針縫固定

手部的起針處

在手部內側做縫合固定

小黃瓜的起針處

4.8cm

作品 20、21、24 安裝緞帶的做法

（背面）

約1cm

約9cm

1段

1針

身體的起針處

作品 22、23 安裝緞帶的做法

（背面）

約1cm

約9cm

帽子的起針處

1段

1針

在尾端穿過身體或帽子後，在尾端打結

P.24 作品 25 ～ 29

使用線材
※均使用 Hamanaka 的線材。

作品 25
Wanpaku denis
原色（2）15g
黃色（3）2g
金褐色（61）1 g
白色（1）少量
Piccolo
深褐色（17）少量
Tino
土色（13）少量

作品 26
Wanpaku denis
金褐色（61）15g
Piccolo
深褐色（17）少量

作品 27
Wanpaku denis
水藍色（47）15g
白色（1）1g
Piccolo
淺藍色（23）1g
深褐色（17）少量

作品 28
Wanpaku denis
白色（1）16g
Piccolo
深褐色（17）少量

作品 29
Wanpaku denis
黃綠色（53）13g
白色（1）1g
Piccolo
黃色（42）1g
深褐色（17）少量
金褐色（21）少量

其他材料

通用
手工藝棉花「Hamanaka NeoClean Wata」
（H405-401）適量
厚紙板（12cmx6cm）各 1 片
強力磁鐵（直徑約 2.5cmx 厚 0.2cm）各 2 個

作品 25
不織布（褐）2cmx2cm

作品 26
不織布（淡粉紅色）2cmx2cm

作品 28
不織布（深褐色）2cmx2cm
不織布（淡粉紅色）2cmx2cm

工具

通用
Hamanaka 樂樂雙頭鉤針 5/0 號、4/0 號
（僅**作品 27、29** 需要）

完成尺寸
高 5cm 寬 7.5cm

製作方法
1 按照織圖鉤織所需的針目，製作出各部位的織片。
2 放入磁鐵後，如圖所示做收尾處理。

作品 25 ～ 29 通用 剖面的織圖（各 2 片）
5/0 號鉤針

段數	針數	加減針
5	32	加 4 針
4	28	加 8 針
3	20	每段各加 6 針
2	14	
1	8	從 3 針鎖針中鉤 8 針

起針 鉤 3 針鎖針

╲ = ╲╱ 加針 鉤入 2 短針

作品 25、26、28 身體的織圖
5/0 號鉤針

作品 25 的配色 ☐ =原色　☐ =黃色

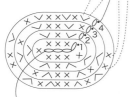

起針 鉤 3 針鎖針

填充棉花

作品 27、29 身體的織圖
5/0 號鉤針

☐ =作品 27 水藍色　作品 29 黃綠色　☐ =白色

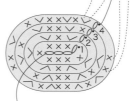

起針 鉤 3 針鎖針

段數	針數	加減針
9		不加減針
8	32	
7		
6	32	加 4 針
5	28	不加減針
4	28	加 8 針
3	20	每段各加 6 針
2	14	
1	8	從 3 針鎖針中鉤 8 針

配色

	25	26	27	28	29
頭部	參照上圖	金褐色	水藍色	白色	黃綠色
身體	參照上圖	金褐色	參照上圖	白色	參照上圖
剖面（2 片）	原色	金褐色	水藍色	白色	黃綠色

作品 25 ～ 29 通用 頭部的織圖

5/0 號鉤針

作品 25 的配色　□＝原色　□＝黃色　■＝金褐色

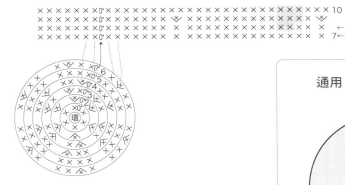

段數	針數	加減針
10	32	不加減針
9	32	加2針
8	30	不加減針
7	30	
6	30	加6針
5	24	不加減針
4	24	每段各加6針
3	18	
2	12	
1	6	環狀起針後鉤6針

填充棉花

通用 厚紙板原寸紙型（各2片）

作品 25 ～ 29 通用 剖面的處理方式

① 處理剖面

先確認磁鐵的正負極，再用雙面膠黏合
完成裁切的厚紙板
黏著劑
用黏著劑貼合在剖面織片的背面上
剖面（背面）

② 用捲針縫分別縫合剖面與身體及剖面與頭部

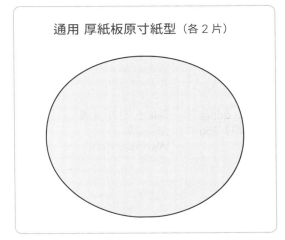

頭部
剖面（正面）
剖面（正面）
身體
捲針縫

作品 25 ～ 29 通用 收尾處理

※完成刺繡再與各部位接縫合在一起。

（正面）

2.1cm

頭部的起針處

在第3段與第4段之間做法國結粒繡繞2圈（深褐色2股）

（底部）

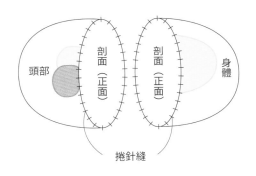

頭部的起針處
起立針的痕跡
7段
2段
1段
5針
1針
用捲針縫固定手部

※手部的鉤織做法參閱 P.32。

作品 25 ～ 28 安裝腳部的做法

（底部）

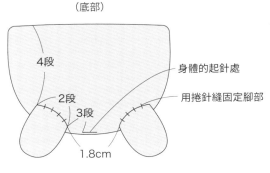

4段
身體的起針處
用捲針縫固定腳部
2段
3段
1.8cm

※腳部的鉤織做法參閱 P.33。

※接續下一頁。

作品 25 收尾處理

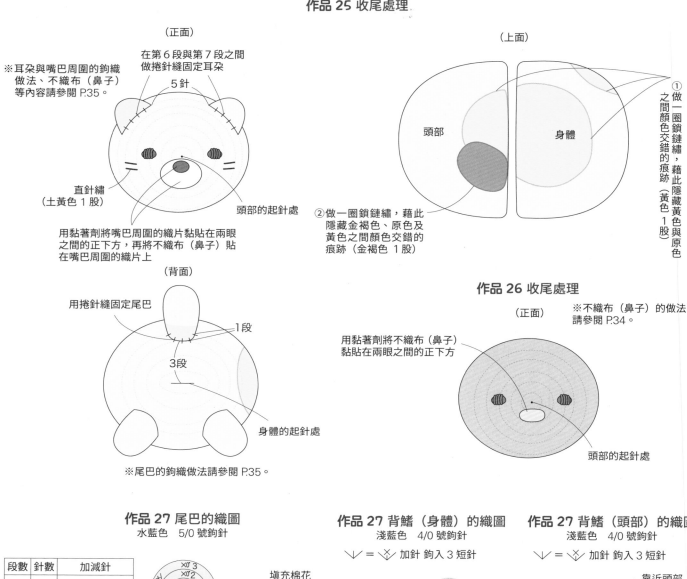

（正面）

※耳朵與嘴巴周圍的鉤織
做法、不織布（鼻子）
等內容請參閱 P.35。

在第 6 段與第 7 段之間
做捲針縫固定耳朵

5針

直針繡
（土黃色 1 股）

頭部的起針處

用黏著劑將嘴巴周圍的織片黏貼在兩眼
之間的正下方，再將不織布（鼻子）貼
在嘴巴周圍的織片上

（上面）

頭部

身體

① 做一圈鎖鏈繡，藉此隱藏黃色與原色之間顏色交錯的痕跡（黃色 1 股）

② 做一圈鎖鏈繡，藉此隱藏金褐色、原色及黃色之間顏色交錯的痕跡（金褐色 1 股）

（背面）

用捲針縫固定尾巴

1段

3段

身體的起針處

※尾巴的鉤織做法請參閱 P.35。

作品 26 收尾處理

（正面）

※不織布（鼻子）的做法
請參閱 P.34。

用黏著劑將不織布（鼻子）
黏貼在兩眼之間的正下方

頭部的起針處

作品 27 尾巴的織圖
水藍色　5/0 號鉤針

段數	針數	加減針
3	9	每段各加2針
2	7	
1	5	環狀起針後鉤5針

填充棉花

作品 27 背鰭（身體）的織圖
淺藍色　4/0 號鉤針

$\vee\!\!\!\vee$ ＝ 加針 鉤入 3 短針

靠近尾巴
那一側

1←

起針 鉤 6 針鎖針

作品 27 背鰭（頭部）的織圖
淺藍色　4/0 號鉤針

$\vee\!\!\!\vee$ ＝ 加針 鉤入 3 短針

靠近頭部
1← 那一側

起針 鉤 2 針鎖針

作品 27 收尾處理

（正面）

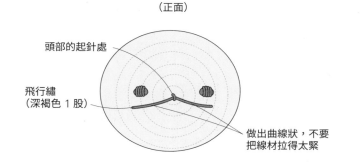

頭部的起針處

飛行繡
（深褐色 1 股）

做出曲線狀，不要
把線材拉得太緊

（底部）

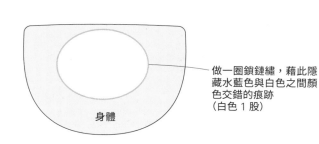

身體

做一圈鎖鏈繡，藉此隱藏水藍色與白色之間顏色交錯的痕跡（白色 1 股）

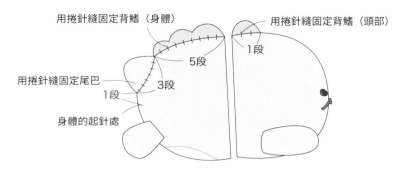

（側面）

用捲針縫固定背鰭（身體）
用捲針縫固定背鰭（頭部）

5段
1段

用捲針縫固定尾巴
3段
1段

身體的起針處

作品 28 收尾處理

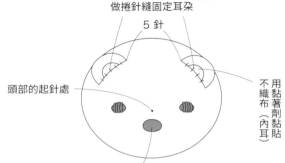

（正面）

在第 5 段與第 6 段之間
做捲針縫固定耳朵

5 針

頭部的起針處

不織布（內耳）
用黏著劑黏貼

用黏著劑將不織布（鼻子）黏貼在兩眼之間的正下方

※耳朵的鉤織做法、不織布（鼻子）、不織布（內耳）
　等的內容請參閱 P.33。

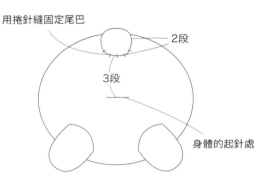

（背面）

用捲針縫固定尾巴

2段

3段

身體的起針處

※尾巴的鉤織做法請參閱 P.33。

作品 29 收尾處理

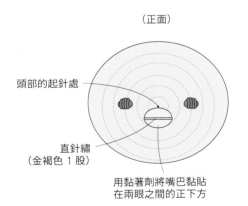

（正面）

頭部的起針處

直針繡
（金褐色 1 股）

用黏著劑將嘴巴黏貼
在兩眼之間的正下方

※嘴巴的鉤織做法請參閱 P.34。

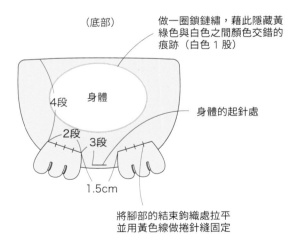

（底部）

做一圈鎖鏈繡，藉此隱藏黃
綠色與白色之間顏色交錯的
痕跡（白色 1 股）

4段
身體

2段
3段

身體的起針處

1.5cm

將腳部的結束鉤織處拉平
並用黃色線做捲針縫固定

※腳部的鉤織做法、收尾處理等內容請參閱 P.34。

P.27 作品 35、36

使用線材 ※均使用 Hamanaka 的線材。

作品 35
Wanpaku denis
深灰色（16）31g
芥末黃（28）13g
金褐色（61）11g
Piccolo
黃色（42）3g
深褐色（17）1g
朱紅色（26）1g
Tino
粉紅色（5）少量

作品 36
Wanpaku denis
駝色（31）29g
水藍色（47）13g
白色（1）12g
褐色（13）1g
Piccolo
淡粉紅色（40）1g
深褐色（17）1g
Tino
淺粉紅色（4）少量

其他材料

通用
手工藝棉花「Hamanaka NeoClean Wata」
（H405-401）適量

作品 35
不織布（淡粉紅色）2cm×2cm

作品 36
不織布（白色）2cm×2cm
不織布（淡粉紅色）2cm×2cm
不織布（深褐色）2cm×2cm
25 號刺繡線（深褐色）適量

工具

通用
Hamanaka 樂樂雙頭鉤針
4/0 號、5/0 號、7/0 號

完成尺寸

底部直徑 11.5cm 高 8cm

製作方法

按照織圖鉤織所需的針目，製作出各部位的織片，再依圖示做收尾處理。

配色

	作品 35	作品 36
A 色	深灰色	駝色
B 色	芥末黃	水藍色

作品 35、36 通用 外側托盤的織圖
A 色 2 股　7/0 號鉤針

―――― = 鉤入裝飾刺繡的位置（僅作品 36 需要）

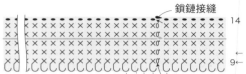

鎖鏈接縫

※ 第 9 段做裡引短針。

段數	針數	加減針
14		
₹	56	不加減針
9		
8	56	
7	49	
6	42	
5	35	每段各加 7 針
4	28	
3	21	
2	14	
1	7	環狀起針後鉤 7 針

作品 35、36 通用 內側托盤的織圖
B 色　5/0 號鉤針

∨ = ⋎ 加針 鉤入 2 短針

※ 內側托盤直到第 8 段爲止，做法都與外側托盤相同。

重複這個範圍

※ 第 11 段做表引短針。

段數	針數	加減針
14		
₹	70	不加減針
11		
10	70	
9	63	
8	56	
7	49	
6	42	每段各加 7 針
5	35	
4	28	
3	21	
2	14	
1	7	環狀起針後鉤 7 針

托盤 收尾處理

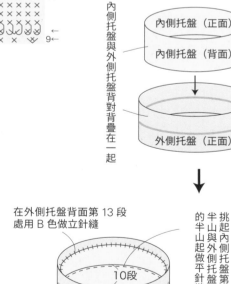

內側托盤（正面）
內側托盤（背面）

內側托盤與外側托盤背對背疊在一起

外側托盤（正面）

鉤入裝飾刺繡線（僅作品 36 需要）

裝飾刺繡線的鉤織做法

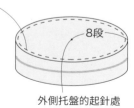

外側托盤（正面）

褐色 1 股 5/0 號鉤針

從外側托盤正面處開始一針一針鉤引拔針（1 圈有 56 針）最後以鎖鏈接縫收尾

在外側托盤背面第 13 段處用 B 色做立針縫

10段

內側托盤的起針處

挑起內側與外側托盤第 10 段的半山 與外側托盤第 8 段的半山 起做平針縫

8段

外側托盤的起針處

96

作品35 把手的織圖（2片）
深灰色 5/0 號鉤針

填充棉花

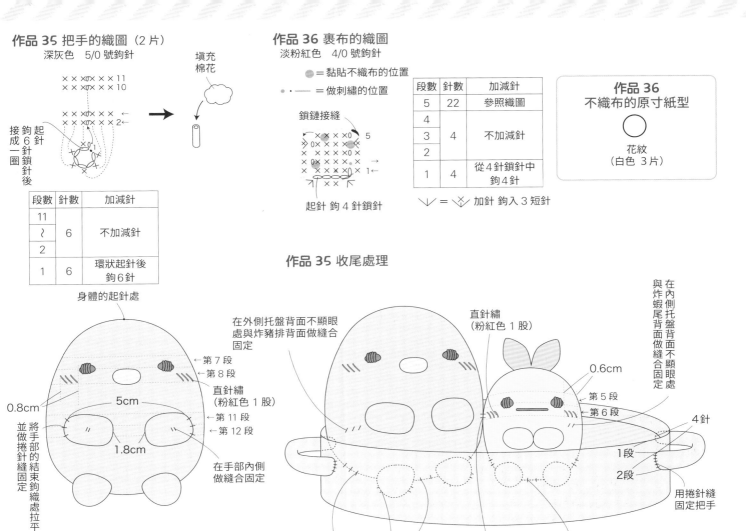

```
× × ×0× × × 11
× × ×0× × × 10
× × ×0× × × ←
× × ×0× × × 2←
       ×0 1×
```
接鉤成一圈　鉤針　起針6針鎖針後

段數	針數	加減針
11	6	不加減針
？		
2		
1	6	環狀起針後鉤6針

作品36 裏布的織圖
淡粉紅色 4/0 號鉤針

● = 黏貼不織布的位置
•・— = 做刺繡的位置

鎖鏈接縫
```
× × × × × 0   5
0 × × × × 0
0 × × × × 0
× × × × × ×  →
× × × × ×  1←
  × × ×
```
起針 鉤4針鎖針

段數	針數	加減針
5	22	參照織圖
4		
3	4	不加減針
2		
1	4	從4針鎖針中鉤4針

↘ = ↘ 加針 鉤入3短針

作品36 不織布的原寸紙型

花紋（白色 3片）

作品35 收尾處理

身體的起針處

在外側托盤背面不顯眼處與炸豬排背面做縫合固定

直針繡（粉紅色 1股）

與炸蝦尾背面做縫合固定　在內側托盤背面不顯眼處

0.6cm

←第7段
←第8段

直針繡（粉紅色 1股）

←第11段
←第12段

在手部內側做縫合固定

第5段
第6段

4針

1段
2段

用捲針縫固定把手

0.8cm

將手部的結束鉤織處拉平並做捲針縫固定

5cm

1.8cm

※炸豬排的鉤織做法及其他收尾處理等內容請參閱 P.32~P.34。

在內側托盤不顯眼處與炸豬排做縫合固定

將炸豬排與炸蝦尾縫合在一起

在內側托盤不顯眼處與炸蝦尾做縫合固定

※炸蝦尾的鉤織做法及其他收尾處理等內容請參閱 P.38。

作品36 收尾處理

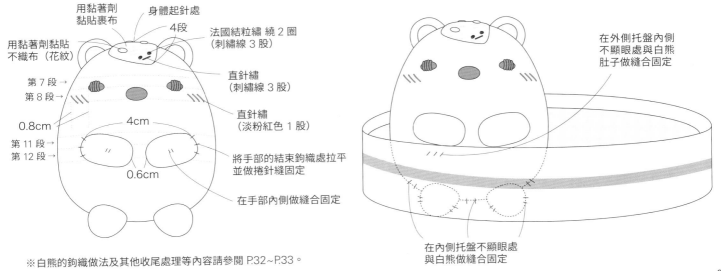

用黏著劑黏貼裏布

身體起針處

4段

法國結粒繡 繞2圈（刺繡線 3股）

用黏著劑黏貼不織布（花紋）

直針繡（刺繡線 3股）

第7段→
第8段→

0.8cm

直針繡（淡粉紅色 1股）

第11段→
第12段→

4cm

0.6cm

將手部的結束鉤織處拉平並做捲針縫固定

在手部內側做縫合固定

在外側托盤內側不顯眼處與白熊肚子做縫合固定

在內側托盤不顯眼處與白熊做縫合固定

※白熊的鉤織做法及其他收尾處理等內容請參閱 P.32~P.33。

P.28 作品 37、38

使用線材 ※均使用 Hamanaka Wanpaku denis。

作品 37
白色（1）21g
淡粉紅色（5）1g
褐色（13）1g

作品 38
金褐色（61）19g
淡粉紅色（5）1g
褐色（13）1g

工具

通用
Hamanaka 樂樂雙頭鉤針
5/0 號

完成尺寸

高 11.5cm 寬 10.5cm
（不包含掛繩、腳部、耳朵）

製作方法

按照織圖鉤織所需的針目，製作出各部位的織片，再依圖示做收尾處理。

作品 37、38 通用 身體的織圖
作品 37 白色　作品 38 金褐色
5/0 號鉤針

⋀ = ⋀ 減針 3 針短針併爲 1 針

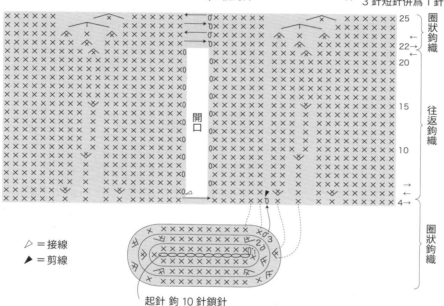

▷ = 接線
► = 剪線

起針 鉤 10 針鎖針

段數	針數	加減針
25	26	減2針
24	28	每段各減4針
23	32	
22	36	每段各減2針
21	38	
20		
19		
18	40	不加減針
17		
16		
15	40	加2針
14		
13		
12	38	不加減針
11		
10		
9	38	加2針
8		
7	36	不加減針
6		
5	36	加4針
4	32	不加減針
3	32	加4針
2	28	加6針
1	22	從10針鎖針中鉤22針

作品 37、38 通用 開口邊緣的織圖
作品 37 白色　作品 38 金褐色
5/0 號鉤針

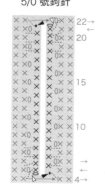

作品 37、38 通用 腳部的織圖（各 2 片）
作品 37 白色　作品 38 金褐色
5/0 號鉤針

起針
鉤 4 針鎖針

段數	針數	加減針
2	12	加3針
1	9	從4針鎖針中鉤9針

作品 37、38 通用 手部的織圖（各 2 片）
作品 37 白色　作品 38 金褐色
5/0 號鉤針

起針
鉤 4 針鎖針

作品 38 鼻子的織圖
淡粉紅色　5/0 號鉤針

鎖鏈接縫

起針
鉤 3 針鎖針

作品 37 耳朵 A 的織圖（2 片）
5/0 號鉤針

☐ = 淡粉紅色　☐ = 白色

引拔針接縫

段數	針數	加減針
2	8	加 4 針
1	4	環狀起針後 鉤 4 針

作品 37 耳朵 B 的織圖（2 片）
白色　5/0 號鉤針

段數	針數	加減針
2	8	加 4 針
1	4	環狀起針後 鉤 4 針

作品 37、38 通用 掛繩的織圖
作品 37 白色　作品 38 金褐色
5/0 號鉤針

起針
鉤 16 針鎖針
← 8cm →

耳朵 A、B 背對背疊在一起，
以 A 片爲正面做引拔針接縫

耳朵 A（正面）

收尾處理

作品 37 白熊

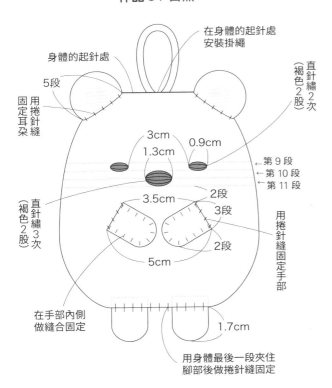

在身體的起針處
安裝掛繩

身體的起針處

5段

固定耳朵
用捲針縫

直針繡
2次
（褐色 2 股）

3cm
1.3cm
0.9cm

← 第 9 段
← 第 10 段
← 第 11 段

用捲針縫固定手部

3.5cm
2段
3段
2段

直針繡
3次
（褐色 2 股）

5cm

在手部內側
做縫合固定

1.7cm

用身體最後一段夾住
腳部後做捲針縫固定

作品 38 炸豬排

※眼睛、手部、腳部及掛繩的
做法都與作品 37 相同。

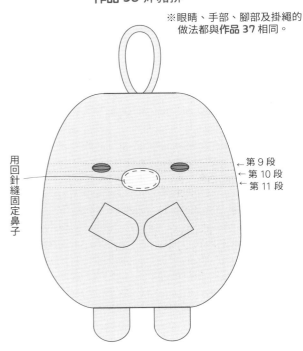

用回針縫固定鼻子

← 第 9 段
← 第 10 段
← 第 11 段

基礎知識

＊織圖要怎麼看？

作品 3 的毛線球 A、B 是使用 4/0 號鉤針製作，需要各別鉤 1 片（沒有標註數量時均為 1 片）

作品 3 毛線球 A、B 的織圖（1 片）
4/0 號鉤針

在該段開頭起立針的鎖針與該段結束處做引拔針

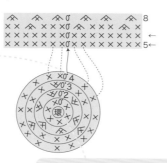

從環狀起針的針目開始鉤織
（織圖中以單字「環」表示）

段數	針數	加減針
8	6	減 6 針
7	12	減 3 針
6		
5	15	不加減針
4		
3	15	加 3 針
2	12	加 6 針
1	6	環狀起針後鉤 6 針

在第 7 段做減針，減少 3 個針目

第 4 段到第 6 段都鉤 15 針，不需要做加減針

在第 2 段做加針，增加 6 個針目

在環狀起針的針目中，鉤入 6 針

＊起立針的鎖針

各種針法所需的鎖針高度

在每一段開頭處製作出與該段針目相同高度的鎖針，這個步驟稱為「起立針的鎖針」。一般來說「起立針的鎖針」的計算方式，是要將每一段開頭的這 1 針都列入針數的計算，但短針除外。
※ 有時為配合造型呈現，有些織圖會刻意調整「起立針的鎖針」的針數。

短針

1 針

鎖針 1 針
起立針

中長針

1 針

鎖針 2 針
起立針

長針

1 針

鎖針 3 針
起立針

＊半山

需要以挑起特定針目鉤織或做捲針縫時，就會用「半山」這個詞表示特定的位置，半山的位置請參閱下圖：

● 挑起半山（2 條）

● 挑起朝向外側的上半山（1 條、半針）

朝向外側的那 1 條上半山

● 挑起靠近自己那側的下半山（1 條、半針）

靠近自己那 1 條下半山

半山

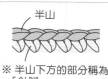

※ 半山下方的部分稱為「針腳」。

＊起針的做法

環狀起針……P.43

 鎖針起針

先將鉤針放在線材後方，依箭頭方向將鉤針轉一圈。

①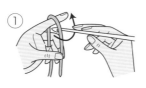

② 線材捲在鉤針上後，用手指壓住線圈的根部，再用鉤針鉤起線材從線圈中穿出。

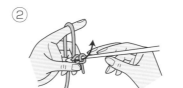

③ 用鉤針鉤起線材從小線圈中穿出。

④ 重複同樣的方式進行鉤織。

用鎖針作環狀起針……P.43

※ 此處是以第 1 段為長針的情況來做說明。

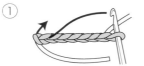
① 鉤完所需的鎖針後,將鉤針穿入第 1 針內。

② 再鉤住線材,做引拔針。

③ 在第 1 段開頭處做「起立針的鎖針」鉤 3 針鎖針。

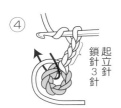
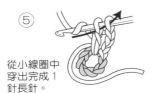
④ 在鉤針上掛上線材,依箭頭指示穿入線圈中。

⑤ 從小線圈中穿出完成 1 針長針。

⑥ 鉤完所需的針數後,依箭頭指示穿入起立針的鎖針中的第 3 針內做引拔針。

＊鉤針符號

 鎖針……P.43　　 引拔針……P.43　　 短針……P.43　　 短針減針 − 2 針短針併為 1 針……P.45

 中長針

① 起立針鎖針 2 針　基底針目

②

③

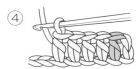
④

 長針

① 起立針鎖針 3 針　基底針目

②

③

④

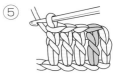
⑤

 長長針

鉤針上掛著 2 個小線圈,依箭頭指示入針,再鉤起線材穿出線圈。

① 2 圈　起立針鎖針 4 針　基底針目

②

③

④

⑤

鉤針上掛著數個線圈,請依箭頭指示每次只穿過 2 個小線圈。

 結粒針

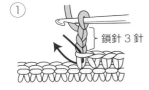
① 鎖針 3 針　鉤 3 針鎖針,再依箭頭指示入針。

②

③ 一次全部穿出。

※ 只要將步驟①改成鉤 2 針鎖針,其他做法均相同。

101

筋編（以短針為例）

※ ●、 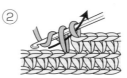 從同樣的位置入針後，做引拔針或中長針，由於還有加針符號，所以要在同個位置鉤入 3 針中長針。

① 　從前一段朝向外側的那 1 條上半山中入針。

② 　鉤 1 針短針。

※ 正常版的短針做法是挑起前一段的半山（2 條）。

 短針加針－鉤入 2 短針

※  則是加 3 針的符號，與短針加針做法相同，只要在同一個針目中鉤入 3 針短針即可。

① 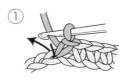　鉤 1 針短針。

② 　③

在同一個針目中，再鉤 1 針短針。

長針加針－鉤入 2 長針

① 　鉤 1 針長針。

② 　③

在同一個針目中，再鉤 1 針長針。1 針目就會增加成 2 個針目。

※「 V 」是中長針加 2 針的符號，與長針加針做法相同，只要在同一個針目中鉤 2 針中長針即可。

 表引短針　　　　　　　　　　　　**裡引短針**

① 　② 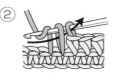　③

依箭頭指示入針後，在鉤針上掛上線材。

從線圈中穿出，完成 1 針短針。

① 　② 　③

依箭頭指示入針後，在鉤針上掛上線材。

從線圈中穿出，完成 1 針短針。

＊挑束

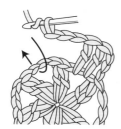

當鉤針如箭頭指示挑起前一段整條時，就稱為「挑束」。如果前一段為鎖針，且沒有特別指示要從何處入針時，基本上就是要做挑束鉤織。

※ 注意「穿入針目」與「挑束」的差異

要鉤超過 2 針時，就需要注意鉤針符號下方的開口是合併在一起，還是分開的。如果是合併在一起，就是要以「穿入針目」的方式鉤織前一段；如果是分開狀，就是要以「挑束」的方式鉤織前一段。

●穿入針目

鉤針符號下方是合併在一起的

●挑束

鉤針符號下方是分開的

＊更換配色線與藏線處理

在整段結束後做換線的做法

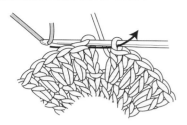

在前一段最後的引拔針步驟時，更換成下一段要使用的配色線，就能換成配色線繼續鉤織。

製作花樣紋路的換線做法

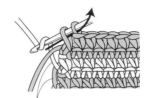

接上配色線

不需要將原本鉤織的線材剪斷，只要讓它先放在一旁休息即可。在需要換色的位置，直接從旁鉤入配色線即可繼續鉤織。

藏線處理的做法

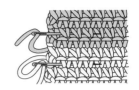

作品完成鉤織步驟後，請將線材穿入毛線縫針內，再用毛線縫針將線段穿入織片背面的針目中。

從內側更換配色線的做法

將 b 色線放在織片的內側，讓它先在一旁休息，接著用 a 色線鉤出該顏色所需要的針數，等到需要換上 b 色線時，再從內側接起 b 色線。

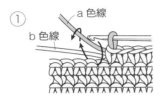

① a 色線 b 色線

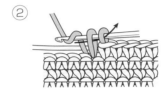

②

詳細的圖文解說請參閱 P.44。

＊鎖鏈接縫

① 開始鉤織處　結束鉤織處　直接拉出來

② 毛線縫針

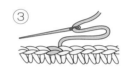

③

將線尾穿入織片背面做藏線處理

＊引拔針接縫

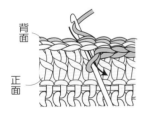

背面

正面

用鉤針挑起半山做引拔針將織片接縫在一起

以下內容的詳細圖文解說請參閱相關頁面。

＊縮口縫收口……P.46　　＊止縫結……P.46

＊填充棉花的做法……P.46　　＊藏線處理……P.46

＊三股辮

①

A　B　C

取 3 條線並排放在一起，先將 A 線和 B 線做交叉

②

B　A　C

再將 C 線和 A 線做交叉

③

B　C　A

一直依序重複步驟①、②

④

C　A　B

編辮子時，要一邊將線材拉緊

＊手縫技法

捲針縫

立針縫
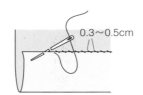
0.3～0.5cm

平針縫
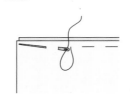

回針縫
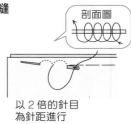
剖面圖
以 2 倍的針目
為針距進行

＊刺繡針法

十字繡
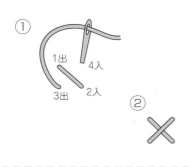
① 1出 4入 3出 2入
②

釘線繡

① 3出 1出 2入

緞面繡
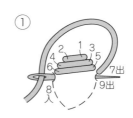
① 2 1 3 4 5 6 7出 8入 9出

②

直針繡

① 2入 1出

② 2入 4入 1出 3入

鎖鏈繡

① 3出 1出 2入
2 入針位置與 1 出針
位置相同

② 3 5出 4入

③
重複步驟② ～ ③

飛行繡

① 1出 2入 3出

② 3 4入

法國結粒繡

① 1出
線材從織片正面穿
出後，依標示在毛
線縫針上纏繞所需
的圈數（本圖為 2
圈的範例）

② 2入 1
請在距離步驟①
出針處很近的地
方入針

③
從背面出針，並
拉緊線材
④

平針繡

4入 3出 2入 1出

雛菊繡

① 3出 2入 1出
2 入針位置
與 1 出針位
置相同

② 4入 3 2 1